美国著名奥数教练蒂图·安德雷斯库系列丛书(第二辑)

114个指数和对数问题：
来自AwesomeMath夏季课程

114 Exponent and Logarithm Problems: From the AwesomeMath Summer Program

[美] 蒂图·安德雷斯库(Titu Andreescu)
[美] 肖恩·艾略特(Sean Elliott) 著

余应龙 译

黑版贸审字 08-2018-106 号

图书在版编目(CIP)数据

114 个指数和对数问题：来自 AwesomeMath 夏季课程/(美)蒂图·安德雷斯库(Titu Andreescu),(美)肖恩·艾略特(Sean Elliott)著；余应龙译. —哈尔滨：哈尔滨工业大学出版社,2019.9(2025.3 重印)

书名原文：114 Exponent and Logarithm Problems：from the AwesomeMath Summer Program

ISBN 978-7-5603-8502-0

Ⅰ.①1… Ⅱ.①蒂…②肖…③余… Ⅲ.①指数-问题解答②对数-问题解答 Ⅳ.①O122.6-44

中国版本图书馆 CIP 数据核字(2019)第 210121 号

ⓒ 2017 XYZ Press, LLC

All rights reserved. This work may not be copied in whole or in part without the written permission of the publisher (XYZ Press, LLC, 3425 Neiman Rd., Plano, TX 75025, USA) except for brief excerpts in connection with reviews or scholarly analysis.

www.awesomemath.org

策划编辑	刘培杰　张永芹
责任编辑	李广鑫
封面设计	孙茵艾
出版发行	哈尔滨工业大学出版社
社　　址	哈尔滨市南岗区复华四道街 10 号　邮编 150006
传　　真	0451-86414749
网　　址	http://hitpress.hit.edu.cn
印　　刷	哈尔滨圣铂印刷有限公司
开　　本	787mm×1092mm　1/16　印张 8.5　字数 183 千字
版　　次	2019 年 9 月第 1 版　2025 年 3 月第 3 次印刷
书　　号	ISBN 978-7-5603-8502-0
定　　价	48.00 元

(如因印装质量问题影响阅读,我社负责调换)

美国著名奥数教练蒂图·安德雷斯库

序言

本书介绍了指数和对数的重要理论和方法,这些内容是代数、微积分和其他一些领域中重要的函数.这一题材中的坚实的基础将为读者在今后多年的数学学习中带来帮助.当然,只是简单地懂得指数与对数的基本知识,知道如何去解一些与此有关的死记硬背的练习题是不够的.深入理解这一科目的复杂性,以及随之而来的解难题的能力是必要的.作者通过提供理论以及大量的问题使读者达到这一目标.

本书前6章涵盖了指数和对数的理论背景,从基础知识出发,读者将会熟练掌握指数函数和对数函数的性质,学会如何解决与此有关的不同问题.每一章都给出了不同类型的例题,以说明所讨论的概念和技巧.本书的后4章精心挑选了114个指数和对数问题,并附有详细解答以供读者练习,同时可以方便读者测试自己对前6章所介绍的知识的掌握程度,并提高在解决指数与对数问题方面的洞察力.我们相信这一挑战将会使喜爱解题的任何读者获得丰富的经验.

在此,我们十分感谢 Chris Jeuell 先生,他修改了本书的原稿,纠正了许多错误,并改进了一些讲解.我们也十分感谢 Navid Safei 先生,他提供了大量的很棒的问题.

我们祝各位愉快!

Titu Andreescu 和 Sean Elliott

目录

1. 指数和对数的基础知识 …………………………………… 1
2. 指数和对数问题中的代数技巧 …………………………… 10
3. 涉及指数和对数的方程和方程组 ………………………… 18
4. 涉及指数和对数的不等式 ………………………………… 26
5. 数论中的指数和对数 ……………………………………… 33
6. 微积分中的指数和对数 …………………………………… 40
7. 入门题 ……………………………………………………… 49
8. 提高题 ……………………………………………………… 54
9. 入门题的解答 ……………………………………………… 59
10. 提高题的解答 ……………………………………………… 80

1 指数和对数的基础知识

我们从指数的一些基本性质开始,回忆一下对于正整数 n 和实数 a,我们定义

$$a^n = \underbrace{a \cdot a \cdot \cdots \cdot a}_{n\uparrow a}.$$

对于任何正整数 p,q,只要 $\sqrt[q]{a}$ 有定义,我们可以定义

$$a^{\frac{p}{q}} = (\sqrt[q]{a})^p,$$

我们可以用以下方式将此推广到负指数:
如果 $a^{\frac{p}{q}} \neq 0$,那么

$$a^{-\frac{p}{q}} = \frac{1}{a^{\frac{p}{q}}}.$$

我们甚至可以将这一定义推广到允许指数是任何实数. 严格地说,这需要微积分才能做到. 但是对于我们的目的,我们将假定保持下面的性质即可.

现在我们可以画出形如 $f(x) = a^x$ 的指数函数的图像,这里 a 是不等于 1 的正实数,x 是任意实数. 当 $a > 1$ 时,我们有图 1,直观地看就是 $f(x) = 2^x$ 的图像. 然而当 $0 < a < 1$ 时,我们有图 2,直观地看就是 $f(x) = \left(\frac{1}{2}\right)^x$ 的图像(特别是这两种情况,函数分别递增和递减).

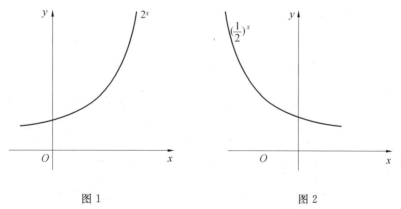

图 1　　　　　　　图 2

指数的性质　　我们回忆一下指数的以下性质. 如果 a,b 是正实数,那么对于任何实数 x 和 y,我们有:

1. $a^0 = 1$
2. $a^{-x} = \dfrac{1}{a^x}$

3. $a^x \cdot a^y = a^{x+y}$

4. $\dfrac{a^x}{a^y} = a^{x-y}$

5. $(a^x)^y = a^{xy}$

6. $(ab)^x = a^x b^x$

7. $\left(\dfrac{a}{b}\right)^x = \dfrac{a^x}{b^x}$

现在我们可以利用指数函数的定义来定义对数. 如果 $a \neq 1$, x 和 y 是正实数, 那么当且仅当 $x = a^y$ 时,

$$y = \log_a x.$$

换句话说, 对数函数是指数函数的反函数. 如果一个对数的底没有指定, 那么为方便起见, 认为是底为 10 的对数.

记号 $\ln x$ 指的是底为 e 的对数, 这里 e $= 2.718\cdots$ 是欧拉数. 在"6 微积分中的指数和对数"中, 我们将会看到这个数为什么特殊.

对数的性质 设 $a \neq 1$, x 和 y 是正实数, 设 r 是任意实数. 那么由指数函数的性质, 立即可推出对数函数的性质:

1. $\log_a 1 = 0$

2. $\log_a a = 1$

3. $a^{\log_a x} = x$

4. $\log_a (xy) = \log_a x + \log_a y$

5. $\log_a \left(\dfrac{x}{y}\right) = \log_a x - \log_a y$

6. $\log_a x^r = r \log_a x$

利用这些结果, 我们可以证明所谓的换底公式, 它允许我们只要乘以一个常数因子, 就容易改变任何对数的底.

定理 1.1(换底公式) 对于任何不等于 1 的正实数 a, b 和任何正实数 x, 我们有

$$\log_a x = \dfrac{\log_b x}{\log_b a}.$$

证明 在等式 $x = a^{\log_a x}$ 的两边取以 b 为底的对数, 得到

$$\log_b x = \log_b a^{\log_a x} = (\log_a x) \cdot (\log_b a),$$

上式等价于所求的结果.

注 在换底公式中, 设 $x = b$, 得到以下有用的结果. 对于正实数 $a, b, a \neq 1, b \neq 1$, 我们有

$$\log_a b = \dfrac{1}{\log_b a}.$$

我们可以分析函数 $f(x)=\log_a x$ 的图像. 当 $a>1$ 时,我们有图 3,直观地看就是 $f(x)=\log_2 x$ 的图像. 然而当 $0<a<1$ 时,我们有图 4,直观地看就是 $f(x)=\log_{\frac{1}{2}} x$ 的图像(特别是这两种情况,函数分别递增和递减).

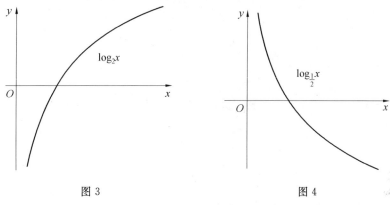

图 3　　　　　　　　图 4

例 1.1　证明:如果 a,b 是正实数,$a\neq 1$,r 是任意非零实数,那么
$$\log_a b=\log_{a^r}b^r.$$

证明　设 $x=\log_a b$,那么只需要证明 $(a^r)^x=b^r$. 实际上,
$$(a^r)^x=(a^x)^r=b^r,$$
这里由 x 的定义可推出第二个等式.

例 1.2　设 a,x,b 是正实数,且 $a^x=x=b^3$. 用 a 和 b 表示 $x^{x^{-\frac{1}{3}}}$.

解　注意到 $a=x^{\frac{1}{x}},b=\sqrt[3]{x}$,所以
$$x^{x^{-\frac{1}{3}}}=x^{\frac{1}{b}}=(x^{\frac{1}{x}})^{\frac{x}{b}}=a^{\frac{b^3}{b}}=a^{b^2}.$$
于是答案是 a^{b^2}.

例 1.3　如果 $6\cdot 5^x-3^{x+1}=3^x+5^{x+1}$,求 $\left(\dfrac{3}{5}\right)^x$ 的值.

解　方程的两边分别除以 5^x,得到
$$6-3\cdot\left(\frac{3}{5}\right)^x=\left(\frac{3}{5}\right)^x+5,$$
所以 $\left(\dfrac{3}{5}\right)^x=\dfrac{1}{4}$.

例 1.4　如果 $\dfrac{1+2^x+3^x+6^x}{2^x+1}=82$,求 x 的值.

解　分子等于 $(1+2^x)(1+3^x)$,于是方程变为 $1+3^x=82$,所以 $x=4$.

例 1.5　如果 a 是非零整数,b 是正实数,且 $ab^2=\log b$,那么集合 $\{0,1,a,b,\dfrac{1}{b}\}$ 的中位数是什么?

解 注意到对于一切 $b>0$,有 $\log b<b$. 如果 $b>1$,那么 $0<\dfrac{\log b}{b^2}<1$,所以 $a=\dfrac{\log b}{b^2}$ 不是整数,因此 $0<b<1$,故 $\log b<0, a<0$,于是 $0<b<1<\dfrac{1}{b}$. 中位数是 b.

例 1.6 化简
$$\frac{1}{\log_a abc}+\frac{1}{\log_b abc}+\frac{1}{\log_c abc},$$
其中 a,b,c 是正实数.

解 由换底公式,$\dfrac{1}{\log_a abc}=\log_{abc}a$,对其余两项类似. 于是,原式变为
$$\log_{abc}a+\log_{abc}b+\log_{abc}c=\log_{abc}abc=1.$$

例 1.7 计算:
$$\lfloor\log_3 1\rfloor+\lfloor\log_3 2\rfloor+\cdots+\lfloor\log_3 100\rfloor$$

解 为了简化计算,我们将合并相等的项.

为此,我们将 3 的连续的幂之间的整数进行 $n\in\{1,2,\cdots,100\}$ 的划分.

当 $1\leqslant n<3$ 时,$\lfloor\log_3 n\rfloor=0$. 类似地,当 $3\leqslant n<9$ 时,$\lfloor\log_3 n\rfloor=1$. 当 $9\leqslant n<27$ 时,$\lfloor\log_3 n\rfloor=2$. 当 $27\leqslant n<81$ 时,$\lfloor\log_3 n\rfloor=3$. 当 $81\leqslant n\leqslant 100$ 时,$\lfloor\log_3 n\rfloor=4$,所以和式等于
$$0\cdot(3-1)+1\cdot(9-3)+2\cdot(27-9)+3\cdot(81-27)+$$
$$4\cdot(100-81+1)=284.$$

例 1.8 求以下表达式的值:
$$3^{\log_5 7}-7^{\log_5 3}.$$

解 设 $\log_5 7=x$,则 $5^x=7$,
$$3^{\log_5 7}-7^{\log_5 3}=3^x-(5^x)^{\log_5 3}=3^x-5^{x\log_5 3}=3^x-5^{\log_5 3^x}=3^x-3^x=0.$$
于是,
$$3^{\log_5 7}-7^{\log_5 3}=0.$$

例 1.9 对于整数 $n>1$,设 $f(n)=\dfrac{1}{\log_n(10!)}$. 求
$$f(3!)+f(5!)+f(7!)+f(10!).$$

解
$$f(3!)+f(5!)+f(7!)+f(10!)$$
$$=\log_{10!}3!+\log_{10!}5!+\log_{10!}7!+\log_{10!}10!$$
$$=\log_{10!}(3!\cdot 5!\cdot 7!)+1$$
$$=\log_{10!}(3\cdot 2\cdot 1\cdot 5\cdot 4\cdot 3\cdot 2\cdot 1\cdot 7!)+1$$
$$=\log_{10!}[(5\cdot 2)(3\cdot 3)(4\cdot 2)\cdot 7!]+1$$
$$=\log_{10!}(10!)+1=2.$$

例 1.10 如果 $1 < a < b, 1 < c$,证明:
$$\log_a b > \log_{ac} bc.$$

证明 由换底公式,左边等于
$$\log_a b = \frac{\log b}{\log a},$$

右边等于
$$\log_{ac} bc = \frac{\log bc}{\log ac} = \frac{\log b + \log c}{\log a + \log c}.$$

设 $x = \log a, y = \log b, z = \log c$,则所求的不等式变为
$$\frac{y}{x} > \frac{y+z}{x+z}.$$

由对于 x,y 和 z 的已知条件,我们知道 $0 < x < y$ 和 $z > 0$,这表明
$$yx + yz > yx + xz,$$

除以 $x(x+z)$ 后,就等价于所求的不等式.

例 1.11 设 $f: \mathbf{R} \to (1, \infty)$ 定义为 $f(x) = e^{2x} + e^x + 1$.求 f 的反函数.

解 假定
$$y = e^{2x} + e^x + 1 = (e^x + \frac{1}{2})^2 + \frac{3}{4}.$$

那么
$$y - \frac{3}{4} = (e^x + \frac{1}{2})^2 \Rightarrow \pm\sqrt{y - \frac{3}{4}} = e^x + \frac{1}{2}.$$

因为 $e^x + \frac{1}{2}$ 为正,所以取正的平方根,得到
$$e^x = \sqrt{y - \frac{3}{4}} - \frac{1}{2}.$$

两边取对数,我们得到
$$x = f^{-1}(y) = \ln\left(\sqrt{y - \frac{3}{4}} - \frac{1}{2}\right).$$

例 1.12 Jimmy 试图用以下"公式"解题:
$$\log_{ab} x = (\log_a x)(\log_b x),$$

这里 a, b, x 是不等于 1 的正实数.证明:如果 x 是方程 $\log_a x + \log_b x = 1$ 的一个解,这才正确.

证明 设 $u = \log_{ab} x, v = \log_a x, w = \log_b x$.如果 $u = vw$,那么我们知道
$$x = (ab)^u = a^u b^u = (a^v)^w (b^w)^v = x^w x^v = x^{v+w},$$

这表明 $v + w = 1$,或等价于 $\log_a x + \log_b x = 1$.

例 1.13 设 $c \neq 1$ 是正实数,函数 $f:(1, \infty) \to \mathbf{R}$ 由 $f(x) = \log_x c$ 定义.对于 c 的什

么值,f 递增?

解 由换底公式,$f(x)=\dfrac{\log c}{\log x}$. 回忆一下,$\log x$ 递增,所以 $\dfrac{1}{\log x}$ 递减. 因此,当且仅当 $c<0$ 或 $c<1$ 时,f 递增. 同理,当 $c>1$ 时,f 递减.

例 1.14 已知 n 个正实数 $x_1,x_2,\cdots,x_n$,使
$$x_1=\log_{x_{n-1}}x_n,$$
$$x_2=\log_{x_n}x_1,$$
$$\vdots$$
$$x_n=\log_{x_{n-2}}x_{n-1}.$$

证明:$\prod_{k=1}^{n}x_k=1$.

证明 由换底公式,
$$x_k=\log_{x_{k-2}}x_{k-1}=\frac{\log x_{k-1}}{\log x_{k-2}}.$$
这里 x_{-1},x_0 分别指的是 x_{n-1},x_n. 于是
$$\prod_{k=1}^{n}x_k=\prod_{k=1}^{n}\frac{\log x_{k-1}}{\log x_{k-2}}=\frac{\prod_{k=1}^{n}\log x_{k-1}}{\prod_{k=1}^{n}\log x_{k-2}}=1.$$

例 1.15 如果 a,b,c 是不等于 1 的正实数,
$$x=\log_a\frac{b}{c},y=\log_b\frac{c}{a},z=\log_c\frac{a}{b}.$$
证明:$xyz+x+y+z=0$.

证明 注意到由 x 的定义,得 $a^{xyz}=(a^x)^{yz}=\left(\dfrac{b}{c}\right)^{yz}$. 但是利用 y,z 的定义,得
$$\left(\frac{b}{c}\right)^{yz}=\frac{(b^y)^z}{(c^z)^y}=\left(\frac{c}{a}\right)^z\left(\frac{a}{b}\right)^{-y}=\frac{c^zb^y}{a^{z+y}}.$$
再次运用 x,y,z 的定义
$$\frac{c^zb^y}{a^{z+y}}=\frac{\dfrac{a}{b}\cdot\dfrac{c}{a}}{a^{y+z}}=\frac{\dfrac{c}{b}}{a^{y+z}}=\frac{1}{a^{x+y+z}}.$$
于是 $a^{xyz+x+y+z}=1$,所以 $xyz+x+y+z=0$.

例 1.16 证明:$(\log_{24}48)^2+(\log_{12}54)^2>4$.

证明 为了得到左边第一项的下界,我们希望找到一个形如 $48^a>24^b$ 的不等式(因为这将表明 $\log_{24}48>\dfrac{b}{a}$). 我们可以改写一个不等式,如 $2^a>24^{b-a}$;这样的不等式中,最简单的是 $b-a=1$,在这种情况下,我们注意到 $2^5=32>24^1$,所以

$$48^5 > 24^6 \Rightarrow \log_{24} 48 > \frac{6}{5}.$$

类似地,对于第二项,我们需要一个形如 $54^a > 12^b$ 的不等式,或 $3^{3a-b} > 2^{2b-a}$. 经过试验,我们注意到 $3^7 = 2\,187 > 2\,048 = 2^{11}$, 所以

$$54^5 > 12^8 \Rightarrow \log_{12} 54 > \frac{8}{5}.$$

将这两个不等式相结合,得到

$$(\log_{24} 48)^2 + (\log_{12} 54)^2 > \frac{36}{25} + \frac{64}{25} = 4.$$

例 1.17 设 n 是大于 1 的整数. 证明:

$$\prod_{k=2}^{n} \log_k (n - k + 2) = 1.$$

证明 设左边为 S. 由换底公式

$$S^2 = \prod_{k=2}^{n} \log_k (n - k + 2) \prod_{k=2}^{n} \frac{1}{\log_{n-k+2} k}.$$

因为 k 从 2 到 n, 所以 $n - k + 2$ 从 n 到 2. 于是,我们可以把原式改写为

$$\prod_{k=2}^{n} \log_k (n - k + 2) \prod_{k=2}^{n} \frac{1}{\log_k (n - k + 2)} = \prod_{k=2}^{n} \frac{\log_k (n - k + 2)}{\log_k (n - k + 2)} = 1.$$

因为 S 为正,所以 $S = 1$.

例 1.18 如果 $0 < a < b < c < 1$, 将数 $a^{\log_b c}, b^{\log_c a}, c^{\log_a b}$ 从小到大排列.

解 由换底公式

$$a^{\log_b c} = a^{\frac{\ln c}{\ln b}} = e^{\frac{\ln a \ln c}{\ln b}},$$

类似地

$$b^{\log_c a} = e^{\frac{\ln b \ln a}{\ln c}}, \quad c^{\log_a b} = e^{\frac{\ln c \ln b}{\ln a}}.$$

由关于 a, b, c 的已知条件,以及 $\ln x$ 递增的事实,我们知道 $\ln a < \ln b < \ln c < 0$. 于是

$$(\ln b)^2 > (\ln c)^2 \Rightarrow \frac{\ln b}{\ln c} > \frac{\ln c}{\ln b} \Rightarrow \frac{\ln a \ln b}{\ln c} < \frac{\ln a \ln c}{\ln b}.$$

类似地

$$(\ln a)^2 > (\ln b)^2 \Rightarrow \frac{\ln a}{\ln b} > \frac{\ln b}{\ln a} \Rightarrow \frac{\ln a \ln c}{\ln b} < \frac{\ln b \ln c}{\ln a}.$$

所以

$$\frac{\ln a \ln b}{\ln c} < \frac{\ln a \ln c}{\ln b} < \frac{\ln b \ln c}{\ln a}.$$

因为 e^x 递增,于是推得

$$e^{\frac{\ln a \ln b}{\ln c}} < e^{\frac{\ln a \ln c}{\ln b}} < e^{\frac{\ln b \ln c}{\ln a}} \Rightarrow b^{\log_c a} < a^{\log_b c} < c^{\log_a b}.$$

例 1.19　如果 n 是大于 1 的整数，证明：
$$\log_n(n+1) > \log_{n+1}(n+2).$$

证明　注意到 $\dfrac{n+1}{n} > \dfrac{n+2}{n+1}$，所以
$$\log_n\left(\frac{n+1}{n}\right) > \log_n\left(\frac{n+2}{n+1}\right).$$

由例 1.13，右边大于 $\log_{n+1}\left(\dfrac{n+2}{n+1}\right)$.

我们可以改写为
$$\log_n(n+1) - \log_n n > \log_{n+1}(n+2) - \log_{n+1}(n+1),$$
这等价于 $\log_n(n+1) > \log_{n+1}(n+2)$，这就是所求的.

例 1.20　证明：不存在包含 $1, \log_2 3, \log_3 2$ 这三项的等差数列.

证明　用反证法. 假定存在首项为 a，公差为 d 的等差数列，那么对于某不同的整数 m, n, p，我们将有方程组
$$1 = a + md,$$
$$\log_2 3 = a + nd,$$
$$\log_3 2 = a + pd,$$

这表明
$$\log_2 3 - 1 = (n-m)d$$
$$\log_3 2 - 1 = (p-m)d$$

因此 $\dfrac{\log_2 3 - 1}{\log_3 2 - 1} = \dfrac{n-m}{p-m} \in \mathbf{Q}$. 由换底公式，该表达式的左边是
$$\frac{\log_2 3 - 1}{\dfrac{1}{\log_2 3} - 1} = -\log_2 3.$$

这表明 $\log_2 3$ 是有理数，所以存在正整数 a, b，使
$$\log_2 3 = \frac{a}{b} \Leftrightarrow 3^b = 2^a,$$
因为左边能被 3 整除，右边不被 3 整除，所以这不可能.

例 1.21　解方程：
$$x^{2+\log_2 x} = \frac{1}{2}.$$

解　我们有
$$\log_2(x^{2+\log_2 x}) = \log_2\left(\frac{1}{2}\right),$$
这表明

$$(2+\log_2 x)\log_2 x = -1.$$

设 $t = \log_2 x$,得到
$$(2+t)t = -1,$$

等价于
$$(t+1)^2 = 0.$$

推得 $t = -1$,所以 $x = \dfrac{1}{2}$.

2 指数和对数问题中的代数技巧

解指数和对数问题的关键不是聚焦于指数和对数本身,而在于对其在代数上处理或者使用其他一些代数技巧处理.

例如,将指数或对数作为较一般的变量处理通常是有效的,可以使用关于指数和对数的一些性质得到这些变量的一个条件,然后以这个一般的变量解题. 考虑下面的例题:

例 2.1 求以下表达式的最简形式:
$$\left(\sqrt{\log\sqrt{6}+\sqrt{\log 3 \cdot \log 2}}+\sqrt{\log\sqrt{6}-\sqrt{\log 3 \cdot \log 2}}\right)^2.$$

解 我们不是简单地展开上面的乘积,而是首先化简括号内的表达式. 因为 $\log 3$ 和 $\log 2$ 是正数,所以我们找到正实数 x 和 y,使 $x^2=\log 3, y^2=\log 2$,那么
$$\log\sqrt{6}=\log\sqrt{2}+\log\sqrt{3}=\frac{1}{2}x^2+\frac{1}{2}y^2.$$

因此括号内的表达式是
$$\sqrt{\frac{1}{2}x^2+\frac{1}{2}y^2+xy}+\sqrt{\frac{1}{2}x^2+\frac{1}{2}y^2-xy}=\frac{\sqrt{2}}{2}\sqrt{(x+y)^2}+\frac{\sqrt{2}}{2}\sqrt{(x-y)^2}$$
$$=x\sqrt{2},$$

所以答案是 $\log 9$.

注意:把对数替换为一般的变量,并将利用对数的基本规则代入两个方程的项中以后,问题全部解决,无须利用关于对数的任何进一步的事实.

正如上面的问题表明的那样,寻找一个有用的因式分解将大大地简化涉及指数和对数的问题. 事实上,这样的问题往往归结为一个著名的因式分解问题,其中的变量已由指数或对数替代.

例 2.2 如果 $\log_{q^2 p} p^2 q = \log_{\frac{p}{q}} pq$,求 $\dfrac{1+\log_p q^3}{3-\log_q p}$ 的值.

解 设 $x = \log_p q$. 左边改写为
$$2\log_{q^2 p}p+\log_{q^2 p}q=\frac{2}{\log_p q^2 p}+\frac{1}{\log_q q^2 p}=\frac{2}{2x+1}+\frac{1}{2+\frac{1}{x}}=\frac{x+2}{2x+1}.$$

类似地,右边改写为
$$\log_{\frac{p}{q}}p+\log_{\frac{p}{q}}q=\frac{1}{\log_p \frac{p}{q}}+\frac{1}{\log_q \frac{p}{q}}=\frac{1}{1-x}+\frac{1}{\frac{1}{x}-1}=\frac{x+1}{1-x}.$$

$$\frac{x+2}{2x+1}=\frac{x+1}{1-x} \Leftrightarrow 3x^2+4x-1=0$$

所求的表达式等于 $\frac{1+3x}{3-\frac{1}{x}}=\frac{3x^2+x}{3x-1}$. 利用上面的方程, $3x^2+x=1-3x$, 答案就是 -1.

例 2.3 求以下不等式的一切解:
$$4^x+x\cdot 2^{x-6}-2^{x+11}\leqslant 32x.$$

解 我们希望寻找一个因式分解的方法. 注意到最左边的两项可以分解为 $2^{x-6}(2^{x+6}+x)$. 将 $32x$ 这一项移到左边, 我们就可将其余两项分解为 $-2^5(2^{x+6}+x)$. 因此不等式可分解为
$$(2^{x+6}+x)(2^{x-6}-2^5)\leqslant 0.$$
注意到 $f(x)=2^{x+6}+x$ 和 $g(x)=2^{x-6}-2^5$ 是增函数. 另外, 我们有 $f(-4)=0$ 和 $g(11)=0$. 于是, 解的区间是 $[-4,11]$.

例 2.4 实数 x 满足 $4^x+4^{-x}=7$. 求 8^x+8^{-x}.

解 设 $a=2^x$. 那么 $2^{-x}=\frac{1}{a}$, 所以
$$a^2+\frac{1}{a^2}=7.$$
两边加 2, 得到
$$a^2+2+\frac{1}{a^2}=(a+\frac{1}{a})^2=9.$$
因为 $a=2^x$ 是正数, $a+\frac{1}{a}$ 是正数, 所以
$$a+\frac{1}{a}=3.$$
于是
$$8^x+8^{-x}=a^3+\frac{1}{a^3}=(a+\frac{1}{a})(a^2-1+\frac{1}{a^2})=3\cdot(7-1)=18.$$

例 2.5 已知 a 和 b 是正实数, 且满足 $a^2+b^2=7ab$, 证明:
$$\log(\frac{a+b}{3})=\frac{1}{2}(\log a+\log b).$$

证明 注意到已知条件等价于 $(a+b)^2=9ab$, 这表明
$$\left(\frac{a+b}{3}\right)^2=ab.$$
由此推出
$$\log\left(\frac{a+b}{3}\right)^2=2\log\left(\frac{a+b}{3}\right)=\log ab=\log a+\log b,$$

由此推出结果.

例 2.6 证明:对于 $x \in \mathbf{R}$,方程
$$2^{2^{x-1}} = \frac{1}{2^{2^x}-1} \text{ 和 } 2^{2^{x+1}} = \frac{1}{2^{2^{x-1}}-1}$$
等价.

证明 设 $2^{2^{x-1}} = y$. 我们必须证明当且仅当 $y^4 = \frac{1}{y-1}$ 时,$y = \frac{1}{y^2-1}$. 事实上,因为 $y^2 - y + 1 \neq 0$,所以
$$y = \frac{1}{y^2-1} \Leftrightarrow y^3 - y - 1 = 0 \Leftrightarrow (y^2 - y + 1)(y^3 - y - 1) = 0$$
$$\Leftrightarrow y^5 - y^4 - 1 = 0 \Leftrightarrow y^4 = \frac{1}{y-1}.$$

例 2.7 已知:$a^2 + b^2 = c^2$,证明:
$$\log_{b+c} a + \log_{c-b} a = 2\log_{b+c} a \cdot \log_{c-b} a.$$

证明 已知条件等价于 $a^2 = (c+b)(c-b)$. 我们可以对该等式取 $\log_{c+b}$ 和 $\log_{c-b}$ 得到两个方程
$$2\log_{c+b} a = \log_{c+b} a^2 = \log_{c+b}(c+b)(c-b) = \log_{c+b}(c-b) + 1$$
$$2\log_{c-b} a = \log_{c-b} a^2 = \log_{c-b}(c+b)(c-b) = \log_{c-b}(c+b) + 1.$$
将这两个方程都减去 1,然后相乘得到
$$(2\log_{c+b} a - 1)(2\log_{c-b} a - 1) = \log_{c+b}(c-b)\log_{c-b}(c+b) = 1.$$
展开后,得到
$$4\log_{c+b} a \cdot \log_{c-b} a - 2\log_{c+b} a - 2\log_{c-b} a = 0.$$
除以 2 后,整理得
$$2\log_{c+b} a \cdot \log_{c-b} a = \log_{c+b} a + \log_{c-b} a,$$
这就是所断言的.

例 2.8 设 S 是有序实数三数组 (x, y, z) 的集合,且
$$\log_{10}(x+y) = z, \log_{10}(x^2 + y^2) = z + 1.$$
存在实数 a 和 b,对于 S 中的一切有序三数组 (x, y, z),有 $x^3 + y^3 = a \cdot 10^{3z} + b \cdot 10^{2z}$. 求 $a + b$ 的值.

解 由已知条件推得
$$x + y = 10^z, x^2 + y^2 = 10 \cdot 10^z, 10^{2z} = (x+y)^2 = x^2 + 2xy + y^2.$$
$$xy = \frac{1}{2}(10^{2z} - 10^{z+1}).$$
又有
$$(x+y)^3 = 10^{3z} \text{ 和 } x^3 + y^3 = (x+y)^3 - 3xy(x+y),$$

得到

$$x^3 + y^3 = 10^{3z} - \frac{3}{2}(10^{2z} - 10^{z+1})(10^z)$$

$$= 10^{3z} - \frac{3}{2}(10^{3z} - 10^{2z+1})$$

$$= -\frac{1}{2} 10^{3z} + 15 \cdot 10^{2z},$$

以及

$$a + b = -\frac{1}{2} + 15 = \frac{29}{2}$$

例 2.9 设 $f(x) = \log(x + \sqrt{x^2+1})$. 如果 $f(a) = -\frac{11}{2}$. 求 $f(-a)$.

解 我们有

$$f(-a) = \log(-a + \sqrt{a^2+1})$$

$$= \log\left[\frac{(-a + \sqrt{a^2+1})(a + \sqrt{a^2+1})}{a + \sqrt{a^2+1}}\right]$$

$$= \log\left(\frac{1}{a + \sqrt{a^2+1}}\right)$$

$$= -\log(a + \sqrt{a^2+1}) = \frac{11}{2}.$$

例 2.10 设 a, b, c 是大于 1 的实数. 证明: 如果 $x = 1 + \log_a bc, y = 1 + \log_b ca, z = 1 + \log_c ab$, 那么

$$xyz = xy + yz + zx$$

证明 我们尝试证明的是两边除以 xyz, 于是只要证明

$$\frac{1}{x} + \frac{1}{y} + \frac{1}{z} = 1.$$

将 x 改写为

$$x = 1 + \log_a bc = \log_a a + \log_a bc = \log_a abc,$$

所以我们可以利用对称性. 现在 $\frac{1}{x} = \log_{abc} a$, 类似地, $\frac{1}{y} = \log_{abc} b, \frac{1}{z} = \log_{abc} c$.

那么我们有

$$\frac{1}{x} + \frac{1}{y} + \frac{1}{z} = \log_{abc} a + \log_{abc} b + \log_{abc} c = 1,$$

这就是所断言的.

例 2.11 解方程

$$2^x - 4^{x-1} = 1.$$

解 设 $y = 2^x$，那么
$$y - \frac{y^2}{4} = 1,$$
这表明
$$4y - y^2 = 4.$$
推得
$$(y-2)^2 = 0,$$
因此 $y = 2$，于是 $x = 1$。

例 2.12 已知 a, b, c 是正实数，设 $x = \dfrac{a-b}{a+b}, y = \dfrac{b-c}{b+c}, z = \dfrac{c-a}{c+a}$。求
$$\log_{(1+x)(1+y)(1+z)}(1-x)(1-y)(1-z)$$
的值。

解 注意到
$$1 + x = 1 + \frac{a-b}{a+b} = \frac{2a}{a+b},$$
对于 b, c，也有类似的等式。以及
$$1 - x = 1 - \frac{a-b}{a+b} = \frac{2b}{a+b}.$$
于是
$$(1+x)(1+y)(1+z) = \frac{2a}{a+b} \cdot \frac{2b}{b+c} \cdot \frac{2c}{a+c} = \frac{2b}{a+b} \cdot \frac{2c}{b+c} \cdot \frac{2a}{a+c}$$
$$= (1-x)(1-y)(1-z).$$

因此，问题中的对数的答案就是 1。

例 2.13 正实数 x, y, z 满足
$$xyz = 10^{81} \text{ 和} (\log_{10} x)(\log_{10} yz) + (\log_{10} y)(\log_{10} z) = 468.$$
求：$\sqrt{(\log_{10} x)^2 + (\log_{10} y)^2 + (\log_{10} z)^2}$。

解 设 $a = \log_{10} x, b = \log_{10} y, c = \log_{10} z$。对方程 $xyz = 10^{81}$ 的两边取 $\log$，得到 $\log xyz = a + b + c = 81$。对这个方程两边平方，得到
$$a^2 + b^2 + c^2 + 2ab + 2ac + 2bc = 81^2.$$

注意到
$$(\log_{10} x)(\log_{10} yz) = (\log_{10} x)(\log_{10} y + \log_{10} z) = ab + ac.$$
于是
$$(\log_{10} x)^2 + (\log_{10} y)^2 + (\log_{10} z)^2 = 81^2 - 2 \cdot 468 = 5\,625,$$
答案是 $\sqrt{5\,625} = 75$。

例 2.14 对于每一个正整数 $n \geqslant 2$，设

$$f(n) = \frac{(\log_3 2)(\log_3 3)(\log_3 4)\cdots(\log_3 n)}{9^n}.$$

设 m 表示 $f(n)$ 的最小值. 求使 $f(n) = m$ 的 n 的一切值.

解 注意到

$$\frac{f(n)}{f(n-1)} = \frac{9^{n-1}}{9^n} \cdot \frac{(\log_3 2)(\log_3 3)(\log_3 4)\cdots(\log_3 n)}{(\log_3 2)(\log_3 3)(\log_3 4)\cdots[\log_3(n-1)]} = \frac{\log_3 n}{9}.$$

因此, 当 $\log_3 n = 9$, 或 $n = 3^9 = 19\,683$ 时, $f(n) = f(n-1)$. 另外, 当 $n < 19\,683$ 时, $f(n) < f(n-1)$, 当 $n > 19\,683$ 时, $f(n) > f(n-1)$. 于是, 当 $n = 19\,682$ 和 $n = 19\,683$ 时, $f(n)$ 有最小值.

例 2.15 a, b, c, d 是正实数, 且 $abcd = 1$. 求

$$\frac{(\log a)^3 + (\log b)^3 + (\log c)^3 + (\log d)^3}{(\log ab)(\log c \log d - \log a \log b)}$$

的值.

解 设 $x = \log a, y = \log b, z = \log c, w = \log d$, 那么

$$abcd = 1 \Leftrightarrow x + y + z + w = 0,$$

原表达式等于

$$\frac{x^3 + y^3 + z^3 + w^3}{(x+y)(zw - xy)}.$$

将 $w = -x - y - z$ 代入后, 上式变为

$$\frac{x^3 + y^3 + z^3 - (x+y+z)^3}{(x+y)[-z(x+y+z) - xy]} = \frac{(x+y+z)^3 - x^3 - y^3 - z^3}{(x+y)(xy + yz + xz + z^2)}.$$

展开后, 分子等于

$$3x^2 y + 3xy^2 + 3y^2 z + 3yz^2 + 3z^2 x + 3zx^2 + 6xyz,$$

分母等于

$$x^2 y + xy^2 + y^2 z + yz^2 + z^2 x + zx^2 + 2xyz,$$

于是原表达式等于 3.

例 2.16 设 $f(x) = \dfrac{1}{1 + 3^{2x-1}}$. 求

$$f\left(\frac{1}{2\,017}\right) + f\left(\frac{2}{2\,017}\right) + f\left(\frac{3}{2\,017}\right) + \cdots + f\left(\frac{2\,016}{2\,017}\right)$$

的值.

解 观察到

$$f(1-x) = \frac{1}{1 + 3^{1-2x}} = \frac{3^{2x-1}}{3^{2x-1} + 1}.$$

推出对一切 x, 有 $f(x) + f(1-x) = 1$. 因此, 利用这一对称性, 将外面的两项配对, 我们有

$$f\left(\frac{1}{2\,017}\right) + f\left(\frac{2\,016}{2\,017}\right) = 1, f\left(\frac{2}{2\,017}\right) + f\left(\frac{2\,015}{2\,017}\right) = 1, \cdots,$$

推出这个和等于 $\frac{2\,016}{2} = 1\,008$.

例 2.17 对于正整数 n, 设 $a_k = 2^{2^{k-n}} + k, k = 0, 1, \cdots, n$. 证明:
$$(a_1 - a_0) \cdots (a_n - a_{n-1}) = \frac{7}{a_1 + a_0}.$$

证明 设 $a = 2^{2^{-n}}$, 那么 $a^{2^k} = (2^{2^{-n}})^{2^k} = 2^{2^{k-n}}$, 于是
$$a_k - a_{k-1} = 2^{2^{k-n}} + k - 2^{2^{k-n-1}} - (k-1) = 2^{2^{k-n}} - 2^{2^{k-n-1}} + 1$$
$$= a^{2^k} - a^{2^{k-1}} + 1$$
$$= \frac{a^{2^{k+1}} + a^{2^k} + 1}{a^{2^k} + a^{2^{k-1}} + 1}, k = 0, 1, \cdots, n$$

这里我们用了下面的因式分解
$$x^4 + x^2 + 1 = (x^2 - x + 1)(x^2 + x + 1)$$

于是
$$\prod_{k=1}^{n}(a_k - a_{k-1}) = \prod_{k=1}^{n} \frac{a^{2^{k+1}} + a^{2^k} + 1}{a^{2^k} + a^{2^{k-1}} + 1}$$
$$= \frac{a^{2^{n+1}} + a^{2^n} + 1}{a^{2^1} + a^{2^0} + 1}$$
$$= \frac{2^{2^{n+1-n}} + 2^{2^{n-n}} + 1}{2^{2^{1-n}} + 1 + 2^{2^{0-n}} + 0} = \frac{7}{a_1 + a_0}.$$

例 2.18 设 a, b, c 是实数, 且 $1 < a \leqslant b \leqslant c$. 证明:
$$\log_a b + \log_b c + \log_c a \leqslant \log_b a + \log_c b + \log_a c.$$

证明 设 $x = \ln a, y = \ln b, z = \ln c$, 且注意到 $0 < x \leqslant y \leqslant z$. 利用换底公式, 原不等式等价于
$$\frac{y}{x} + \frac{z}{y} + \frac{x}{z} \leqslant \frac{x}{y} + \frac{y}{z} + \frac{z}{x}.$$

两边乘以正值 xyz:
$$y^2 z + z^2 x + x^2 y \leqslant x^2 z + y^2 x + z^2 y \Leftrightarrow 0 \leqslant x^2 z + y^2 x + z^2 y - y^2 z - z^2 x - x^2 y.$$
右边可分解为 $(x-y)(y-z)(z-x)$, 该式为正, 推出结论.

例 2.19 求不等式
$$\log_4(9^x - 3^x - 1) \leqslant \log_2 \sqrt{5}$$
的解的区间.

解 因为 4^x 递增, 所以我们可以以 4 为底, 取指数, 得到
$$9^x - 3^x - 1 \leqslant 5.$$
设 $y = 3^x$, 那么该不等式就变为
$$y^2 - y - 6 \leqslant 0, 或 (y-3)(y+2) \leqslant 0.$$

当且仅当 $-2 \leqslant y \leqslant 3$ 时,上式成立,所以 $x \leqslant 1$. 但是我们还需要 $9^x - 3^x - 1 > 0$ 或 $y^2 - y - 1 > 0$. 因为 y 是正数,当且仅当 $y > \dfrac{1+\sqrt{5}}{2}$ 时,该式成立. 于是,原不等式的解是 $(\log_3 \dfrac{1+\sqrt{5}}{2}, 1]$.

3 涉及指数和对数的方程和方程组

在本章中,我们考虑涉及指数和对数的方程和方程组.与前面一章一样,解决这样的问题的关键通常是把它们纯粹看作代数方程,暂时不考虑指数和对数.

另一个有用的策略是用不等式来解方程.如果我们可以下结论说方程的一边大于或等于另一边,那么我们就直接知道唯一解是该不等式的等号成立的情况.

例 3.1 求方程 $16^x = 2^{x^3}$ 的实数解.

解 将 16^x 表示为 2^{4x},得到 $2^{4x} = 2^{x^3}$.当且仅当 $x^3 = 4x$ 时,原方程成立.于是 $x^3 - 4x = 0$,将其分解为 $x(x-2)(x+2) = 0$.于是,解是 $x=0, x=2, x=-2$.

例 3.2 求 $16^x + 16 = 10 \cdot 4^x$ 的一切解的和.

解 设 $y = 4^x$,那么原方程变为 $y^2 + 16 = 10y$,或 $y^2 - 10y + 16 = (y-2)(y-8) = 0$.因此 $y=2$ 或 $y=8$.如果 $4^x = 2$,那么 $x = \frac{1}{2}$,如果 $4^x = 8$,那么 $2^{2x} = 2^3$,所以 $x = \frac{3}{2}$.因此方程的一切解 (x) 的和是 $\frac{1}{2} + \frac{3}{2} = 2$.

例 3.3 求一切 $x(x \leqslant 0)$,使

$$2^x - 3^x = \sqrt{6^x - 9^x}.$$

解 首先注意到 $x=0$ 是解;现在考虑 $x \neq 0$ 的一切解.

设 $a = 2^x, b = 3^x$.那么方程变为

$$a - b = \sqrt{ab - b^2} = \sqrt{b}\sqrt{a-b}.$$

我们知道 $a \neq b$(因为 $x \neq 0$),所以除以 $\sqrt{a-b}$,得到 $\sqrt{a-b} = \sqrt{b}$,所以 $a = 2b$.于是 $2^x = 2 \cdot 3^x$,或 $x = \log_{\frac{2}{3}} 2 = \frac{1}{1 - \log_2 3}$,我们看出这是负数.因此,仅有的解是 $x=0$ 和 $x = \frac{1}{1 - \log_2 3}$.

例 3.4 求满足

$$5^{x+1} - 5^{x-1} = 600\sqrt{5}$$

的 x 的一切值.

解 方程的左边等于

$$5 \cdot 5^x - \frac{5^x}{5} = \frac{24 \cdot 5^x}{5}.$$

那么 $24 \cdot 5^x = 5 \cdot 600\sqrt{5} = 3\,000\sqrt{5}$，以及
$$5^x = \frac{3\,000\sqrt{5}}{24} = 125\sqrt{5} = 5^3 \cdot 5^{\frac{1}{2}} = 5^{\frac{7}{2}},$$
所以 $x = \frac{7}{2}$.

例 3.5 求一切实数 $x(x > 1)$，使
$$\log_9(\log_3 x) + \log_3(\log_9 x) = \log_3 32.$$

解 想到 $\log_9 x = \log_3 \sqrt{x} = \frac{1}{2}\log_3 x$. 于是上面的方程等价于
$$\frac{1}{2}\log_3(\log_3 x) + \log_3\left(\frac{1}{2}\log_3 x\right) = \log_3 32.$$

设 $y = \log_3(\log_3 x)$，我们得到
$$\frac{3}{2}y - \log_3 2 = \log_3 32 \Rightarrow y = \frac{2}{3}\log_3 64 = \log_3 16.$$

因此 $x = 3^{3^y} = 3^{16}$.

例 3.6 解方程：
$$3^x + 4^x + 5^x = 6^x.$$

解 方程的两边都除以 6^x，该方程等价于
$$\left(\frac{3}{6}\right)^x + \left(\frac{4}{6}\right)^x + \left(\frac{5}{6}\right)^x = 1.$$

用图像或观察，我们看出 $x = 3$ 是解，因为 $\frac{3^3 + 4^3 + 5^3}{216} = 1$.

此外，因为幂的底小于 1，所以左边递减，于是我们推得这是唯一的解.

例 3.7 解方程：
$$(\log_x 2)(\log_{\frac{x}{16}} 2) = \log_{\frac{x}{64}} 2.$$

解 利用换底公式，将原方程改写为
$$\left(\frac{1}{\log_2 x}\right)\left(\frac{1}{\log_2 \frac{x}{16}}\right) = \frac{1}{\log_2 \frac{x}{64}}.$$

设 $y = \log_2 x$，只要 $y, y-4, y-6$ 不是零，上述方程就变为
$$\frac{1}{y} \cdot \frac{1}{y-4} = \frac{1}{y-6} \Leftrightarrow y - 6 = y^2 - 4y \Leftrightarrow y^2 - 5y + 6 = 0,$$

最后一个方程有解 $y = 2 \Rightarrow x = 4$，以及 $y = 3 \Rightarrow x = 8$. 我们可以检验这两个解满足原方程.

例 3.8 求一切正实数对 (x, y)，使
$$\begin{cases} x^{x+y} = y^{12} \\ y^{x+y} = x^3 \end{cases}.$$

解 如果 $x=1$ 或 $y=1$,那么另一个必是 1,这是因为所有的指数都为正. 于是 $(1,1)$ 是一组解,然后设 $x \neq 1, y \neq 1$. 第一个方程取 $\log_x$,第二个方程取 $\log_y$,我们得到
$$\begin{cases} x+y = 12\log_x y \\ x+y = 3\log_y x = \dfrac{3}{\log_x y} \end{cases}.$$
于是,
$$12\log_x y = \dfrac{3}{\log_x y} \Rightarrow \log_x y = \pm \dfrac{1}{2}.$$
如果 $\log_x y = -\dfrac{1}{2}$,那么 $x = \dfrac{1}{y^2}$,第一个方程变为 $\dfrac{1}{y^2} + y = -6$,这表明 y 不能为正. 于是 $\log_x y = \dfrac{1}{2}$,所以 $x = y^2$,第一个方程变为 $y^2 + y = 6$. 该方程的唯一正数解是 $y=2$,这表明 $x=4$. 于是推得只有解 $(x,y)=(1,1)$ 和 $(x,y)=(4,2)$,二者都可以代入原方程进行检验.

例 3.9 求一切正实数,使 $x^{\log x} = 100x$.

解 因为两边都为正,所以可以两边取对数,得到
$$(\log x)^2 = 2 + \log x \Leftrightarrow (\log x - 2)(\log x + 1) = 0.$$
于是只有当 $\log x = 2$ 或 $\log x = -1$ 时,方程才有解. 这就给出 $x = 100$ 和 $x = \dfrac{1}{10}$,这两个解都满足原方程.

例 3.10 求一切有序正实数对 (x,y),使 $y^x = x^y$ 和 $y^3 = x^2$.

解 第二个方程给出 $x = y^{\frac{3}{2}}$. 将该式用于第一个方程,得到
$$y^x = x^y = (y^{\frac{3}{2}})^y = y^{\frac{3y}{2}}.$$
于是,或者 $y = 1$ 或者 $\dfrac{3y}{2} = x = y^{\frac{3}{2}}$.

如果 $y=1$,那么 $x=1$ 是唯一的解. 否则考虑方程 $\dfrac{3y}{2} = y^{\frac{3}{2}}$. 两边平方后,得到 $9y^2 = 4y^3$. 因为 $y \neq 0$,所以有 $y = \dfrac{9}{4}$,这给出 $x = \dfrac{27}{8}$. 于是我们仅有解 $(x,y) = (1,1)$ 和 $\left(\dfrac{27}{8}, \dfrac{9}{4}\right)$.

例 3.11 解方程:
$$5^{\sqrt{x-4}} = \dfrac{1}{x-3}.$$

解 要使 $\sqrt{x-4}$ 有定义,必须有 $x \geqslant 4$. 由此推出 $x - 3 \geqslant 1$,所以 $\dfrac{1}{x-3} \leqslant 1$. 于是 $5^{\sqrt{x-4}} \leqslant 1 = 5^0$. 因为 5^t 是增函数,这表明 $\sqrt{x-4} \leqslant 0$. 因为平方根永远非负,所以只有当 $\sqrt{x-4} = 0$ 时,方程有唯一解,即 $x = 4$.

例 3.12 解方程：
$$10^x + 11^x + 12^x = 13^x + 14^x.$$

解 将原方程改写为
$$\left(\frac{10}{13}\right)^x + \left(\frac{11}{13}\right)^x + \left(\frac{12}{13}\right)^x = 1 + \left(\frac{14}{13}\right)^x.$$

左边递减，右边递增．因此原方程至多有一个解，即 $x=2$．

例 3.13 解方程：
$$x^{\log_{25} 9} + 9^{\log_{25} x} = 54.$$

解 设 $u = x^{\log_{25} 9}$, $v = 9^{\log_{25} x}$，那么
$$\log u = \log x^{\log_{25} 9} = (\log_{25} 9) \log x = \frac{(\log 9)(\log x)}{\log 25},$$

和
$$\log v = \log 9^{\log_{25} x} = (\log_{25} x) \log 9 = \frac{(\log 9)(\log x)}{\log 25}.$$

因此 $u=v$，所以 $9^{\log_{25} x} = \frac{54}{2} = 27$．我们可以将该方程改写为
$$3^{2\log_{25} x} = 3^3,$$

所以 $\log_{25} x = \frac{3}{2}$．于是 $x = 25^{\frac{3}{2}} = 125$．

例 3.14 解方程：
$$2^{3^x} = 3^{4^x}.$$

解 两边取对数，并利用恒等式
$$\log_a(b^c) = c \log_a b.$$

给出
$$3^x \log 2 = 4^x \log 3.$$

两边取对数，并利用恒等式
$$\log_a(bc) = \log_a b + \log_a c.$$

结合前面的式子，我们有
$$x \log 3 + \log \log 2 = x \log 4 + \log \log 3.$$

整理各项，并注意到 $\log 4 = 2\log 2$，于是解是
$$x = \frac{\log \log 3 - \log \log 2}{\log 3 - 2\log 2}.$$

例 3.15 设 a, b, c 是非负实数，且 $a^2 + b^2 = c^2$ 以及
$$\log_2(c^2 - b^2 + 1) + \log_3(c^2 - a^2 + 1) = 0.$$
求 $a+b+c$ 的值．

解 注意到
$$\log_2(c^2-b^2+1)=\log_2(a^2+1)\geqslant 0.$$
和
$$\log_3(c^2-a^2+1)=\log_3(b^2+1)\geqslant 0.$$
于是必须当 $a=b=0$ 时等号成立,由此推出 $c=0$. 于是 $a+b+c=0$.

例 3.16 设 x,y 是正实数,且
$$\log_9 x=\log_{15} y=\log_{25}(x+2y).$$
求 $\dfrac{x}{y}$ 的值.

解 设 $\log_9 x=\log_{15} y=\log_{25}(x+2y)=k$,那么 $9^k=x,15^k=y,25^k=x+2y=9^k+2\cdot 15^k$.

考虑方程 $25^k=9^k+2\cdot 15^k$. 我们可以两边除以 25^k,得到
$$1=\left(\frac{9}{25}\right)^k+2\left(\frac{3}{5}\right)^k.$$

设 $z=\left(\dfrac{3}{5}\right)^k$,得到 $1=z^2+2z$,或 $z=\sqrt{2}-1$,这是因为 z 是正数.

注意到 $\dfrac{x}{y}$ 就是 z,所以答案是 $\dfrac{x}{y}=\sqrt{2}-1$.

例 3.17 求方程组
$$2^x+3^{\frac{5}{y}}=5$$
$$2^y-3^{\frac{3}{x}}=5$$
的实数解.

解 注意到 $2+3=5$ 和 $32-27=5$,所以 $(x,y)=(1,5)$ 是一组解. 我们断言这是唯一解.

为了推出矛盾,假定存在解 $x>1$. 所以 $2^x>2$,于是由第一个方程,我们知道 $3^{\frac{5}{y}}<3\Rightarrow y>5$. 但是,我们也知道 $3^{\frac{3}{x}}<27$,所以由第二个方程得 $2^y<32\Rightarrow y<5$,这是一个矛盾.

类似地,如果存在解 $x<1$,那么 $2^x<2$,于是由第一个方程,我们知道 $3^{\frac{5}{y}}>3\Rightarrow y<5$. 但是,我们也知道 $3^{\frac{3}{x}}>27$,所以由第二个方程得 $2^y>32\Rightarrow y>5$,这是一个矛盾. 因此 $(x,y)=(1,5)$ 是唯一解.

例 3.18 已知某个 $a>1$,求一切正实数 x,使
$$x^x=a^{x+a^2}.$$

解 两边取以 a 为底的对数,我们得到
$$x\log_a x=x+a^2\Leftrightarrow \log_a x=1+\frac{a^2}{x}.$$

但是，注意到左边的函数递增，右边的函数递减. 于是，至多只能存在一个交点，即 $x = a^2$.

例 3.19 解方程：
$$\frac{(2^x + 5^x)^3}{20^x + 50^x} = 4.$$

解 设 $a = 2^x, b = 5^x$，那么方程变为
$$\frac{(a+b)^3}{ab(a+b)} = 4 \Leftrightarrow (a+b)^2 = 4ab \Leftrightarrow (a-b)^2 = 0.$$

于是 $a = b$，所以唯一解是 $x = 0$.

例 3.20 求满足方程组
$$\begin{cases} 3^x + 4^y = 5^x \\ 3^y + 4^z = 5^y \\ 3^z + 4^x = 5^z \end{cases}$$

的一切实数 x, y, z.

解 上述方程组可改写为
$$\begin{cases} 4^y = 5^x - 3^x \\ 4^z = 5^y - 3^y \\ 4^x = 5^z - 3^z \end{cases}$$

因为对任何实数 $t, 4^t > 0$，所以可以看出 x, y, z 必定为正. 对任何正数 t，设 $f(t) = 5^t - 3^t$. 于是 $f(t)$ 是增函数，这是因为
$$a < b \Rightarrow f(b) - f(a) = 5^b - 5^a - (3^b - 3^a) = 5^a(5^{b-a} - 1) - 3^a(3^{b-a} - 1),$$
这是正的，因为 $5^a > 3^a > 0$ 和 $5^{b-a} - 1 > 3^{b-a} - 1 > 0$. 为了推出矛盾，现在假定 $x > y$. 那么 $4^y > 4^z \Rightarrow y > z$，但是比较第二个方程和第三个方程，有 $4^z > 4^x \Rightarrow z > x$，因为 $x > y > z$，所以这是一个矛盾. 类似地，我们可以证明 $x < y$ 也不可能，所以必有 $x = y = z$.

于是原方程组可归结为 $3^x + 4^x = 5^x$，或 $\left(\frac{3}{5}\right)^x + \left(\frac{4}{5}\right)^x = 1$. 该方程有解 $x = 2$，且因为左边递减，所以这是唯一解. 所以原方程只有解 $(x, y, z) = (2, 2, 2)$.

例 3.21 求方程
$$4^x + 64 = 2^{x^2 - 5x}.$$
的最大解与最小解的和.

解 两边除以 2^x，得到
$$2^x + 2^{6-x} = 2^{x^2 - 6x} = 2^{(x-3)^2 - 9}.$$
于是如果 x_0 是解，那么 $6 - x_0$ 也是解. 于是，最大解与最小解的和等于 6.

例 3.22 求方程组

的实数解.

$$\begin{cases}(xy)^{\log z}+(yz)^{\log x}=1.001\\(yz)^{\log x}+(zx)^{\log y}=10.001\\(zx)^{\log y}+(xy)^{\log z}=11\end{cases}.$$

的实数解.

解 将这三个方程相加后,除以 2,得到

$$(xy)^{\log z}+(yz)^{\log x}+(zx)^{\log y}=11.001.$$

将该方程减去原方程组的每一个方程,得到等价的方程组

$$\begin{cases}(zx)^{\log y}=10\\(xy)^{\log z}=1\\(yz)^{\log x}=0.001\end{cases}.$$

对每一个方程的两边取以 10 为底的对数,再利用关系 $\log_a(b^c)=c\log_a b$ 和 $\log_a(bc)=\log_a b+\log_a c$,得到

$$\begin{cases}(\log y)(\log z+\log x)=1\\(\log z)(\log x+\log y)=0\\(\log x)(\log y+\log z)=-3\end{cases}.$$

将这三个方程相加后,除以 2,得到

$$\log x\log y+\log y\log z+\log z\log x=\frac{1+0+(-3)}{2}=-1.$$

因此,$\log z\log x=-2$,$\log x\log y=-1$,$\log y\log z=2$.

将这三个方程相乘,然后取平方根,得到

$$\log x\log y\log z=\pm 2.$$

将该方程除以上面的三个方程中的每个方程,得到

$$\log y=-1,\log z=-2,\log x=1,$$

或

$$\log y=1,\log z=2,\log x=-1$$

于是,解为 $(x,y,z)=(10,\frac{1}{10},\frac{1}{100})$ 和 $(x,y,z)=(\frac{1}{10},10,100)$.

例 3.23 求方程

$$(\log_5 2x)(\log_5 3x)=12$$

的实数解的积.

解 设 $y=\log_5 x$,那么

$$\begin{aligned}(\log_5 2x)(\log_5 3x)&=(\log_5 x+\log_5 2)(\log_5 x+\log_5 3)\\&=(y+\log_5 2)(y+\log_5 3)\\&=y^2+(\log_5 2+\log_5 3)y+\log_5 2\log_5 3.\end{aligned}$$

所以原方程变为
$$y^2 + (\log_5 2 + \log_5 3)y + \log_5 2 \log_5 3 - 12 = 0.$$
该二次方程的判别式是
$$(\log_5 2 + \log_5 3)^2 - 4(\log_5 2 \log_5 3 - 12) = (\log_5 2 - \log_5 3)^2 + 48 > 0,$$
所以该方程有两个不同的实数根. 设这两个根为 y_1 和 y_2, 那么由韦达公式
$$y_1 + y_2 = -(\log_5 2 + \log_5 3) = -\log_5 6.$$
相应的 x 的解是 $x_1 = 5^{y_1}$, $x_2 = 5^{y_2}$, 所以
$$x_1 x_2 = 5^{y_1 + y_2} = 5^{-\log_5 6} = \frac{1}{5^{\log_5 6}} = \frac{1}{6}.$$

4　涉及指数和对数的不等式

这里我们要叙述一些熟知的,通常能够用来证明涉及指数和对数的不等式.

定理 4.1(AM-GM 不等式)　对一切非负实数 $a_1,a_2,\cdots,a_n$,有
$$\frac{a_1+a_2+\cdots+a_n}{n} \geqslant \sqrt[n]{a_1 a_2 \cdots a_n},$$
当且仅当 $a_1=a_2=\cdots=a_n$ 时,等号成立.

定理 4.2(加权 AM-GM 不等式)　更一般地,对一切非负实数 $a_1,a_2,\cdots,a_n$ 和正实数 $\lambda_1,\lambda_2,\cdots,\lambda_n$,有
$$\lambda_1 a_1+\lambda_2 a_2+\cdots+\lambda_n a_n \geqslant a_1^{\lambda_1} a_2^{\lambda_2} \cdots a_n^{\lambda_n},$$
当且仅当 $a_1=a_2=\cdots=a_n$ 时,等号成立.

定理 4.3(Cauchy-Schwarz 不等式)　对一切实数 $a_1,a_2,\cdots,a_n$ 和 $b_1,b_2,\cdots,b_n$,有
$$(a_1^2+a_2^2+\cdots+a_n^2)(b_1^2+b_2^2+\cdots+b_n^2) \geqslant (a_1 b_1+a_2 b_2+\cdots+a_n b_n)^2,$$
当且仅当存在非零常数 x,y,对每一个 i,有 $xa_i=yb_i$ 时,等号成立.

注　我们注意到定理 4.3 的一个特殊情况,通常看作为"Titu 引理".对任何实数 $x_1,x_2,\cdots,x_n$ 和任何正实数 $y_1,y_2,\cdots,y_n$,在 Cauchy-Schwarz 不等式中,设 $a_i=\dfrac{x_i}{\sqrt{y_i}}$ 和 $b_i=\sqrt{y_i}$,给出
$$\left(\frac{x_1^2}{y_1}+\frac{x_2^2}{y_2}+\cdots+\frac{x_n^2}{y_n}\right)(y_1+y_2+\cdots+y_n) \geqslant (x_1^2+x_2^2+\cdots+x_n^2)^2,$$
上式也可以写成较自然的形式
$$\left(\frac{x_1^2}{y_1}+\frac{x_2^2}{y_2}+\cdots+\frac{x_n^2}{y_n}\right) \geqslant \frac{(x_1^2+x_2^2+\cdots+x_n^2)^2}{y_1+y_2+\cdots+y_n},$$
这里当且仅当 $\dfrac{x_1^2}{y_1^2}=\dfrac{x_2^2}{y_2^2}=\cdots=\dfrac{x_n^2}{y_n^2}$ 时,等号成立.

定义 4.4　如果对于任何 $x_1,x_2 \in I, t \in [0,1]$,有
$$f(tx_1+(1-t)x_2) \leqslant f(x_1)+(1-t)f(x_2),$$
则称函数 f 在区间 I 上是凸函数.如果不等号改变方向(或等价地,如果 $-f$ 是凸函数),那么 f 是凹函数.例如,函数 e^x 是凸函数,$\ln x$ 是凹函数(二者都可用加权 AM-GM 不等式证明).

凸性的一个自然的解释来自于 f 的图像.上面的不等式等价于说经过 $(x_1,f(x_1))$ 和 $(x_2,f(x_2))$ 的直线位于 $(x,f(x))$ 的图像上或上方,这里 $x \in [x_1,x_2]$.

一般地说,证明一个函数是凸函数可能并不是一件难事,只要利用定义即可. 在第 6 章中,我们将会看到利用微积分更容易证明一个函数是凸函数. 由此,知道一个函数是凸函数给出我们以下不等式.

定理 4.5(Jensen 不等式)　设 $f:I \to \mathbf{R}$ 是凸函数,那么对于任何 $x_1, x_2, \cdots, x_n \in I$ 和满足 $a_1 + a_2 + \cdots + a_n = 1$ 的正实数 $a_1, a_2, \cdots, a_n$,有
$$f(a_1 x_1 + a_2 x_2 + \cdots + a_n x_n) \leqslant a_1 f(x_1) + a_2 f(x_2) + \cdots + a_n f(x_n)$$
如果 f 是凹函数,那么不等号改变方向.

定理 4.6(排序不等式)　设 $a_1, a_2, \cdots, a_n$ 和 $b_1, b_2, \cdots, b_n$ 是两个实数数列,且 $a_1 \leqslant a_2 \leqslant \cdots \leqslant a_n, b_1 \leqslant b_2 \leqslant \cdots \leqslant b_n$,那么对于数列 $1, 2, \cdots, n$ 的任何一个排列 σ,有
$$a_n b_1 + a_{n-1} b_2 + \cdots + a_1 b_n \leqslant a_{\sigma(1)} b_1 + a_{\sigma(2)} b_2 + \cdots + a_{\sigma(n)} b_n$$
$$\leqslant a_1 b_1 + a_2 b_2 + \cdots + a_n b_n.$$

定理 4.7(Chebyshev 不等式)　如果 $a_1 \leqslant a_2 \leqslant \cdots \leqslant a_n, b_1 \leqslant b_2 \leqslant \cdots \leqslant b_n$ 是两个递增的实数数列,那么
$$\frac{a_1 b_1 + a_2 b_2 + \cdots + a_n b_n}{n} \geqslant \frac{a_1 + a_2 + \cdots + a_n}{n} \cdot \frac{b_1 + b_2 + \cdots + b_n}{n}.$$

定理 4.8(Bernoulli 不等式)　设 x 和 r 是实数,且 $x \geqslant -1$. 如果 $0 \leqslant r \leqslant 1$,那么
$$(1+x)^r \leqslant 1 + rx.$$
如果 $r \geqslant 1$,那么
$$(1+x)^r \geqslant 1 + rx.$$

现在,让我们利用这些不等式来解一些问题.

例 4.1　设 a, b, c 是大于 1 的实数. 证明:
$$\frac{1}{\log_a \frac{a+b+c}{3}} + \frac{1}{\log_b \frac{a+b+c}{3}} + \frac{1}{\log_c \frac{a+b+c}{3}} \leqslant 3.$$

证明　由 AM-GM 不等式,我们知道 $\frac{a+b+c}{3} \geqslant \sqrt[3]{abc}$. 因为 $\log_a, \log_b, \log_c$ 递增,所以左边至多是
$$\frac{1}{\log_a \sqrt[3]{abc}} + \frac{1}{\log_b \sqrt[3]{abc}} + \frac{1}{\log_c \sqrt[3]{abc}}.$$

现在利用 $\log_x y = \frac{1}{\log_y x}$ 这一事实,可将上式改写为
$$\log_{\sqrt[3]{abc}} a + \log_{\sqrt[3]{abc}} b + \log_{\sqrt[3]{abc}} c = \log_{\sqrt[3]{abc}} abc = 3.$$

当且仅当 $a = b = c$ 时,等号成立.

例 4.2　设 $a_1, a_2, \cdots, a_n$ 是区间 $(0,1)$ 上的 $n (n \geqslant 2)$ 个实数,且
$$\log_{\frac{1}{n}} a_1 \log_{\frac{1}{n}} a_2 \cdots \log_{\frac{1}{n}} a_n = 1.$$

求 $a_1 a_2 \cdots a_n$ 的最大可能的值.

解 我们希望求出 a_i 的乘积与 $\log_{\frac{1}{n}} a_i$ 的乘积之间的某种关系. 我们知道取乘积的对数给我们对数的和. 利用 AM−GM 不等式可以得到对数的和与对数的积之间的一个不等式. 将二者结合将给我们所需的结果.

事实上, 注意到
$$\log_{\frac{1}{n}}(a_1 a_2 \cdots a_n) \geqslant \log_{\frac{1}{n}} a_1 + \log_{\frac{1}{n}} a_2 + \cdots + \log_{\frac{1}{n}} a_n.$$

由 AM−GM 不等式, 右边至少是 $n\sqrt[n]{\log_{\frac{1}{n}} a_1 \log_{\frac{1}{n}} a_2 \cdots \log_{\frac{1}{n}} a_n}$, 所以
$$\log_{\frac{1}{n}}(a_1 a_2 \cdots a_n) \geqslant n\sqrt[n]{\log_{\frac{1}{n}} a_1 \log_{\frac{1}{n}} a_2 \cdots \log_{\frac{1}{n}} a_n} = n.$$

因为 $\left(\dfrac{1}{n}\right)^x$ 递减, 对 $\dfrac{1}{n}$ 取上面的不等式的次方, 给出
$$a_1 a_2 \cdots a_n \leqslant \frac{1}{n^n}.$$

当且仅当 $a_1 = a_2 = \cdots = a_n = \dfrac{1}{n}$ 时, 等号成立.

例 4.3 设 a, b, c 是实数, 且 $a \geqslant b \geqslant c > 1$. 证明:
$$\log_c \log_c b + \log_b \log_b a + \log_a \log_a c \geqslant 0.$$

证明 由换底公式, 左边等于
$$\log_c \frac{\log b}{\log c} + \log_b \frac{\log a}{\log b} + \log_a \frac{\log c}{\log a}.$$

设 $x = \log a, y = \log b, z = \log c$. 利用换底公式又得到左边等于
$$\frac{\log y - \log z}{z} + \frac{\log x - \log y}{y} + \frac{\log z - \log x}{x}.$$

于是, 原不等式等价于
$$\frac{\log y}{z} + \frac{\log x}{y} + \frac{\log z}{x} \geqslant \frac{\log z}{z} + \frac{\log y}{y} + \frac{\log x}{x}.$$

这是由排序不等式推得的, 因为数列 $\log x, \log y, \log z$ 和 $\dfrac{1}{x}, \dfrac{1}{y}, \dfrac{1}{z}$ 的排序不同.

例 4.4 设 a, b, c 是大于 1 的实数, 证明:
$$\log_a bc + \log_b ca + \log_c ab \geqslant 4(\log_{ab} c + \log_{bc} a + \log_{ca} b).$$

证明 设 $x = \log a, y = \log b, z = \log c$. 由换底公式, 不等式变为
$$\frac{y+z}{x} + \frac{z+x}{y} + \frac{x+y}{z} \geqslant \frac{4z}{x+y} + \frac{4x}{y+z} + \frac{4y}{z+x}.$$

我们可以将左边改写为 $\dfrac{z}{x} + \dfrac{z}{y} + \dfrac{x}{y} + \dfrac{x}{z} + \dfrac{y}{x} + \dfrac{y}{z}$. 由 Cauchy-Schwarz 不等式,
$$z\left(\frac{1}{x} + \frac{1}{y}\right) \geqslant z \cdot \frac{4}{x+y},$$
对于 x, y 有类似的不等式. 将这三个不等式相加, 得到所求的结

果. 当且仅当 $a=b=c$ 时,等号成立.

例 4.5 如果 a 和 b 是正实数,且 $a^2+b^2=1$,证明:
$$a\ln a + b\ln b + (a+b)\ln(a+b) \leqslant 0.$$

证明 因为 $a+b>0$,所以可以将原不等式改写为
$$\frac{a}{a+b}\ln a + \frac{b}{a+b}\ln b + \ln(a+b) \leqslant 0.$$

因为 $f(x)=\ln x$ 是凹函数,由 Jensen 不等式给出
$$\frac{a}{a+b}\ln a + \frac{b}{a+b}\ln b \leqslant \ln\left(\frac{a}{a+b}a + \frac{b}{a+b}b\right) = \ln\frac{a^2+b^2}{a+b}$$
$$= \ln\frac{1}{a+b} = -\ln(a+b),$$

这就证明了上面的不等式. 当且仅当 $a=b=\frac{\sqrt{2}}{2}$ 时,等号成立.

例 4.6 如果 n 是正整数,证明:
$$\frac{n+2}{n+1} \leqslant \log_{n+1}(2n+1).$$

证明 因为 $(n+1)^x$ 递增,我们对 $(n+1)$ 取上面的不等式的次方,得到
$$(n+1)^{\frac{n+2}{n+1}} < 2n+1,$$

或
$$(n+1)^{n+2} < (2n+1)^{n+1} \Leftrightarrow n+1 < \left(\frac{2n+1}{n+1}\right)^{n+1}.$$

但是,这由 Bernoulli 不等式
$$\left(\frac{2n+1}{n+1}\right)^{n+1} = \left(1+\frac{n}{n+1}\right)^{n+1} > 1+(n+1)\frac{n}{n+1} = n+1$$

推出,因为 $n+1>1$.

例 4.7 如果 $a,b,c \geqslant 2$,证明:$\log_{b+c}a + \log_{c+a}b + \log_{a+b}c \geqslant \frac{3}{2}$.

证明 注意到因为 $a,b \geqslant 2$,所以 $ab = \frac{ab}{2} + \frac{ab}{2} \geqslant a+b$. 对于 bc,ca 有类似的不等式. 于是
$$\log_{b+c}a + \log_{c+a}b + \log_{a+b}c \geqslant \log_{bc}a + \log_{ca}b + \log_{ab}c.$$

由换底公式,上面的不等式的右边等于
$$\frac{\log a}{\log b + \log c} + \frac{\log b}{\log c + \log a} + \frac{\log c}{\log a + \log b}.$$

设 $x=\log a, y=\log b, z=\log c$,只要证明对于一切 x,y,z,不等式
$$\frac{x}{y+z} + \frac{y}{z+x} + \frac{z}{x+y} \geqslant \frac{3}{2}.$$

这是著名的 Nesbitt 不等式. 证明这一不等式的一种方法如下：由 Titu 引理，
$$\sum_{\text{cyc}} \frac{x}{y+z} = \sum_{\text{cyc}} \frac{x^2}{xy+xz} \geqslant \frac{(x+y+z)^2}{2xy+2yz+2zx}.$$
但是，将不等式
$$\frac{(x+y+z)^2}{2xy+2yz+2zx} \geqslant \frac{3}{2}$$
整理后为
$$x^2+y^2+z^2 \geqslant xy+yz+zx,$$
该式可以将以下三个不等式相加得到，其中每一个都用 AM − GM 不等式：
$$\frac{1}{2}x^2 + \frac{1}{2}y^2 \geqslant xy,$$
$$\frac{1}{2}y^2 + \frac{1}{2}z^2 \geqslant yz,$$
$$\frac{1}{2}z^2 + \frac{1}{2}x^2 \geqslant zx.$$
当且仅当 $x=y=z$ 时，或在本题中，$a=b=c=2$ 时，等号成立.

例 4.8 设 x,y 是大于或等于 1 的实数，证明：
$$x^y + y^x \geqslant 1 + xy.$$
证明 由 Bernoulli 不等式，得
$$x^y \geqslant (1+x-1)^y \geqslant 1+(x-1)y,$$
类似地
$$y^x \geqslant (1+y-1)^x \geqslant 1+(y-1)x.$$
将这两个不等式相加，我们得到
$$x^y + y^x \geqslant 2 + 2xy - (x+y) = 1 + xy + (x-1)(y-1) \geqslant 1 + xy.$$
当且仅当 $x=y=1$ 时，等号成立.

例 4.9 如果 x,y,z 是实数，且 $4 \leqslant x,y,z \leqslant 6$，证明：
$$\log_x(5y-12) + \log_y(5z-12) + \log_z(5x-12) \geqslant \frac{9}{2}.$$
证明 因为 $4 \leqslant x \leqslant 6$，所以有
$$0 \geqslant (x-4)(x-6) = x^2 - 10x + 24,$$
该式可改写为
$$5x - 12 \geqslant \frac{x^2}{2},$$
对于 y,z 有类似的不等式. 因为函数 $\log_x t, \log_y t, \log_z t$ 递增，所以我们得到
$$\log_x(5y-12) + \log_y(5z-12) + \log_z(5x-12) \geqslant \log_x \frac{y^2}{2} + \log_y \frac{z^2}{2} + \log_z \frac{x^2}{2},$$

右边等于
$$2(\log_x y + \log_y z + \log_z x) - (\log_x 2 + \log_y 2 + \log_z 2).$$
对 $\log_x y, \log_y z$ 和 $\log_z x$ 用 AM－GM 不等式以及
$$\log_x 2 \leqslant \log_4 2 = \frac{1}{2},$$
这一事实,上面的不等式至少是
$$2 \cdot 3\sqrt[3]{\log_x y \log_y z \log_z x} - \left(\frac{1}{2} + \frac{1}{2} + \frac{1}{2}\right) = 2 \cdot 3\sqrt[3]{1} - \frac{3}{2} = \frac{9}{2}.$$
当且仅当 $\log_x 2 = \log_y 2 = \log_z 2 = \frac{1}{2}$ 时,等价于 $x = y = z = 4$ 时,等号成立.

例 4.10 如果 a,b,c 是正实数,且 $a+b+c=1$,证明:
$$\log_a(a^2+b^2+c^2) + \log_b(a^2+b^2+c^2) + \log_c(a^2+b^2+c^2)$$
$$\leqslant a\log_a(abc) + b\log_b(abc) + c\log_c(abc).$$

证明 由 AM－GM 不等式,$\frac{1}{3} = \frac{a+b+c}{3} \geqslant \sqrt[3]{abc}$. 于是 $abc < 1$,所以数列 a,b,c 和 $\log_a(abc), \log_b(abc), \log_c(abc)$ 的顺序相同. 于是由 Chebyshev 不等式,我们有
$$a\log_a abc + b\log_b abc + c\log_c abc$$
$$\geqslant \frac{a+b+c}{3}(\log_a abc + \log_b abc + \log_c abc).$$

由 Cauchy-Schwarz 不等式,我们有
$$(1+1+1)(a^2+b^2+c^2) \geqslant (a+b+c)^2 \geqslant 3\sqrt[3]{abc},$$
这里最后一个不等式是由 AM－GM 不等式和 $a+b+c=1$ 这一事实得到的. 所以我们有不等式 $a^2+b^2+c^2 \geqslant \sqrt[3]{abc}$,因为 $a,b,c < 1$,所以对该不等式取对数后,不等式的方向改变. 于是,我们有
$$\sum_{\text{cyc}} \log_a(a^2+b^2+c^2) \leqslant \sum_{\text{cyc}} \log_a \sqrt[3]{abc} = \frac{1}{3}\sum_{\text{cyc}} \log_a abc$$
$$= \frac{a+b+c}{3}\sum_{\text{cyc}} \log_a abc.$$

将此与第一个不等式结合,就推出结论.

例 4.11 设 a,b,c 是正实数,且 $abc \geqslant 1$. 证明:
$$a^{\frac{a}{b}} b^{\frac{b}{c}} c^c \geqslant 1.$$

证明 两边取对数,原不等式等价于
$$\frac{a}{b}\ln a + \frac{b}{c}\ln b + c\ln c \geqslant 0.$$
考虑由 $f(x) = x\ln x$ 定义的函数 $f:(0,\infty) \to \mathbf{R}$,那么 f 是凸函数(见第 6 章这一事实的证明). 由 Jensen 不等式,得

$$\frac{\frac{1}{b} \cdot a\ln a + \frac{1}{c} \cdot b\ln b + c\ln c}{\frac{1}{b}+\frac{1}{c}+1} \geqslant \frac{\frac{a}{b}+\frac{b}{c}+c}{\frac{1}{b}+\frac{1}{c}+1} \ln \frac{\frac{a}{b}+\frac{b}{c}+c}{\frac{1}{b}+\frac{1}{c}+1}$$

因为 $\dfrac{\frac{a}{b}+\frac{b}{c}+c}{\frac{1}{b}+\frac{1}{c}+1}$ 为正, 所以只要证明

$$\frac{a}{b}+\frac{b}{c}+c \geqslant \frac{1}{b}+\frac{1}{c}+1.$$

已知条件等价于 $a \geqslant \dfrac{1}{bc}$, 所以只要证明

$$\frac{1}{b^2 c}+\frac{b}{c}+c \geqslant \frac{1}{b}+\frac{1}{c}+1.$$

我们希望将这一不等式改写为平方和的形式, 所以两边乘以 $4b^2 c$

$$4+4b^3+4b^2 c^2-4bc-4b^2-4b^2 c \geqslant 0.$$

首先, 我们将去掉含有 c 的所有项. 看到出现 $4b^2 c^2 - 4bc$, 所以设法配成 $(2bc-1)^2$. 但是这还没有处理 $-4b^2 c$ 这一项, 所以我们加上一个 $-b$

$$(2bc-b-1)^2 = 4b^2 c^2 - 4bc - 4b^2 c + b^2 + 1 + 2b.$$

余下的项是 $4b^3 - 5b^2 - 2b + 3$. 注意到 $b=1$ 是这个多项式的根, 所以它可分解为 $(b-1)(4b^2 - b - 3) = (b-1)^2 (4b+3)$. 于是, 我们的表达式是

$$(2bc-b-1)^2 + (b-1)^2 (4b+3) \geqslant 0.$$

当且仅当 $a=b=c=1$ 时, 等号成立.

例 4.12 设 $a_1, a_2, \cdots, a_n$ 是正实数, 且 $a_1 a_2 \cdots a_n = 10^n$. 证明:

$$(\log a_1)^2 + (\log a_2)^2 + \cdots + (\log a_n)^2 \geqslant n.$$

证明 由 Cauchy-Schwarz 不等式, 得

$$[(\log a_1)^2 + (\log a_2)^2 + \cdots + (\log a_n)^2]\underbrace{(1+1+\cdots+1)}_{n \text{个} 1}$$

$$\geqslant (\log a_1 + \log a_2 + \cdots + \log a_n)^2$$

$$= (\log a_1 a_2 \cdots a_n)^2$$

$$= n^2,$$

除以 n 后就得到结论. 当且仅当 $a_1 = a_2 = \cdots = a_n = 10$ 时, 等号成立.

5 数论中的指数和对数

指数和对数的某些问题实质上是数论问题. 在这些问题中, 我们将注意力限制于某些值是整数的情况. 例如, 我们可以取一个标准的方程, 考察仅有的整数解.

为了解决这样的问题, 可以利用"3 涉及指数和对数的方程和方程组"中出现的技巧. 特别对这样的问题, 因式分解通常是关键的步骤. 因为有以下事实, 所以因式分解特别有用.

命题 5.1 设 n,m 是正整数, 且对某个质数 p, n 整除 p^m, 那么对某个非负整数 $k \leqslant m$, 可写成 $n = p^k$.

证明 这一证明是很直接的: 如果有另一个质数 $q(q \neq p)$ 整除 n, 那么 q 将整除 p^m, 这不可能. 于是, p 是唯一能整除 n 的质数, 所以我们可以对某个 $k \leqslant m$, 写成 $n = p^k$.

这一原理在涉及指数的方程中是十分有用的. 如果我们能够对于某因数 A,B, 把指数方程归结为 $p^m = AB$ 的形式, 那么我们就能推出对于某个非负整数 a,b, 有 $A = p^a$, $B = p^b$ (这里 $a+b = m$). 这就大大地限制了 A 和 B 可能的值.

另一种有用的策略是考虑在某个模下的方程. 这样做的话可以使我们将对于一个确定的 n, 形如 n^x 的表达式的余数受到限制, 从而限制 x 的值. 例如, 如果我们知道 $3^x \equiv 1 \pmod{4}$, 那么我们可以推得 x 是偶数. 这是因为 3 的幂模 4 是这样重复的: $3^1 \equiv 3$, $3^2 \equiv 1$, $3^3 \equiv 3$, 等等.

在某些情况下, 方程的两边都是指数. 在这样的问题中, 我们可以用以下的:

命题 5.2 设 x, y, a, b 是正整数, 且 $x^a = y^b$, 那么存在正整数 t, c, d, 使 $x = t^c$, $y = t^d$. 特别地, 或者 $x \mid y$ 或者 $y \mid x$.

证明 设 $t = x^{\frac{\gcd(a,b)}{b}} = y^{\frac{\gcd(a,b)}{a}}$, $c = \frac{b}{\gcd(a,b)}$, $d = \frac{a}{\gcd(a,b)}$, 那么 c, d 是整数, 且 $x = t^c$, $y = t^d$. 所以我们只需要证明 t 是整数.

为此, 设 $a = \gcd(a,b) \cdot r$, $b = \gcd(a,b) \cdot s$. 由 $\gcd$(最大公约数)的定义, 我们知道 r 和 s 互质, 所以存在某个整数 n, 使 $nr \equiv 1 \pmod{s}$. 现在, 对于某个非负整数 k, 有
$$y^n = (x^{\frac{a}{b}})^n = x^{\frac{rn}{s}} = x^k \cdot x^{\frac{1}{s}} = x^k \cdot t.$$

因为 y^n 和 x^k 都是整数, 所以我们得到 t 是有理数. 但是, $t^s = x$ 是整数, 所以 t 必是整数.

最后, 我们可能遇到关于整除性的一些问题. 此外, 在这样的问题中, 寻找一个有用的因式分解几乎能完全解决问题. 简化这类问题的另一种方法是将问题从整除性的命题转化为方程; 如果 a, b 是整数, 那么命题 $a \mid b$ 等价于存在整数 n, 使 $b = an$.

例 5.1　求一切有序正整数对 (x,y)，满足
$$(x-2)(x-10)=3^y.$$

解　因为 $x-2$ 和 $x-10$ 这两个数的积是 3 的幂，所以由命题 5.1，我们知道 $x-2$ 和 $x-10$ 或者都是 3 的幂，或者都是 3 的幂的相反数. 又 $x-2$ 和 $x-10$ 相差 8，3 的幂中相差 8 的只有 1 和 9，所以 $x-2=9$ 和 $x-10=1$，或者 $x-2=-1$ 和 $x-10=-9$.

在第一种情况下，$(x,y)=(11,2)$. 在第二种情况下，$(x,y)=(1,2)$. 只存在这两组解.

例 5.2　求一切有序正整数对 (x,y)，使
$$2^x+1=3^y.$$

解　如果 $x=1$，那么 $3^y=3$，所以 $y=1$. 于是 $(x,y)=(1,1)$ 是一组解. 现在假定 $x \geqslant 2$.

考虑模 4 的方程，我们看到 $3^y \equiv 1 \pmod 4$，所以 y 是偶数；设 $y=2z$，现在 $2^x=3^{2z}-1=(3^z-1)(3^z+1)$. 由命题 5.1，我们知道对某个非负整数 a,b，有 $3^z-1=2^a$，$3^z+1=2^b$. 这意味着 $2^b=2^a+2$，所以 $b=2,a=1 \Rightarrow (x,y)=(3,2)$.

结论是只有解 $(1,1)$ 和 $(3,2)$.

例 5.3　求一切有序正整数对 (x,y)，使 $x^y=y^x$.

解　注意到对于任何正整数 k，$(x,y)=(k,k)$ 是一组解. 现在假定 $x \neq y$；不失一般性，设 $x>y$. 由命题 5.2，$y \mid x$，所以对某个整数 $n(n>1)$，有 $x=ny$. 将此代入原方程，得到
$$(ny)^y=y^{ny} \Leftrightarrow n^y=y^{ny-y} \Leftrightarrow n=y^{n-1}.$$

如果 $y=1$，那么 $n=1$，这不可能. 如果 $y>1$，那么 $2 \leqslant y=\sqrt[n-1]{n}$，所以 $n=2$，于是 $y=2$，$x=4$.

结论是只有解 $(x,y)=(k,k),(2,4)$ 和 $(4,2)$，这里 k 是任意正整数.

例 5.4　求一切正整数 n，使
$$(3^{n-1}+7^{n-1}) \mid (3^{n+1}+7^{n+1}).$$

解　假定 $3^{n+1}+7^{n+1}=(3^{n-1}+7^{n-1})m$，这里 m 是正整数. 我们可以改写为
$$3^{n-1}(m-9)=7^{n-1}(49-m).$$

于是，$9<m<49$. 如果 $n=1$，那么 $m=29$. 如果 $n=2$，那么 $m=37$. 否则，如果 $n>2$，那么 $49 \mid (m-9)$，当 $9<m<49$ 时，这不可能满足. 于是只有解 $n=1$ 和 $n=2$.

例 5.5　求一切正整数三数组 (m,n,p)，使
$$p^n+144=m^2,$$
这里 p 是质数.

解　我们可将原方程改写为

$$(m+12)(m-12) = p^n.$$

因为 p 是质数,所以 $m+12$ 和 $m-12$ 都是 p 的幂. 设 $m+12 = p^a, m-12 = p^b$, 这里 a, b 都是非负整数,且 $a > b$. 那么 $m-12$ 整除 $m+12$, 这表明 $m-12$ 整除 $(m+12)-(m-12) = 24$. 因此, m 必是 13, 15 或 20 中的一个. 这就导致解 $(m, n, p) = (13, 2, 5), (15, 4, 3), (20, 8, 2)$.

例 5.6 求方程 $x^{y^z} = z^{y^x}$ 的正整数解.

解 注意到对于任何正整数 $m, n, (x, y, z) = (m, n, m)$ 都是解. 现在假定 $x \neq z$;不失一般性,假定 $x > z$. 利用命题 5.2, 我们知道对于某个正整数 $k(k>1)$, 有 $x = zk$. 于是原方程变为

$$(zk)^{y^z} = z^{y^{zk}} \Leftrightarrow zk = z^{y^{z(k-1)}}.$$

如果 $y = 1$, 那么 $k = 1$, 这不可能. 此外, 如果 $z = 1$, 那么 $k = 1$, 也不可能. 于是 $y, z \geq 2$, 所以

$$y^{k-1} \geq k \Rightarrow z^{y^{z(k-1)}} > z^k \Rightarrow zk > z^k.$$

但是, 当 $k = 2$ 时, 最后一个不等式不成立, 所以对于一切正整数 k, 该不等式都不成立, 这是因为右边比左边大得快.

结论是只有解 $(x, y, z) = (m, n, m)$, 这里 m, n 是任何正整数.

例 5.7 求一切正整数 m 和 n, 使

$$10^n - 6^m = 4n^2.$$

解 假定 $m < n$, 那么

$$10^n - 6^m \geq 10^n - 6^{n-1} \geq 10^n - 6 \cdot 10^{n-2} = (10^2 - 6)10^{n-2}$$
$$= 94 \cdot 10^{n-2} > 2^{n+2} > 4n^2.$$

于是在这种情况下无解.

下面, 假定 $m \geq n$, 那么左边 $10^n - 6^m$ 是 2^n 的非零倍数. 因此 $2^n \mid 4n^2$. 容易检验只有当 $n \leq 8$ 时, 有 $2^n \leq 4n^2$. 于是我们找到的仅有的可能性是 $n = 1, 2, 4,$ 或 8. 这就给出 $10^n - 4n^2 = 6, 84, 9\,936$ 和 $99\,999\,744$, 其中只有第一个是 6 的幂. 于是得到唯一解 $m = n = 1$.

例 5.8 求一切正整数 n, 使 $9^{2^{n-1}} + 3^{2^{n-1}} + 1$ 是质数.

解 如果 $n \geq 2$, 那么对某个正整数 k, 有 $2^{n-1} = 2k$, 且

$$9^{2^{n-1}} + 3^{2^{n-1}} + 1 = (3^k)^4 + (3^k)^2 + 1$$
$$= (3^{2k} + 1)^2 - (3^k)^2$$
$$= (3^{2k} + 1 - 3^k)(3^{2k} + 1 + 3^k)$$

不是质数.

如果 $n = 1$, 那么 $9^{2^{n-1}} + 3^{2^{n-1}} + 1 = 13$ 是质数. 于是唯一解是 $n = 1$.

例 5.9 求一切有序质数对 (p, q), 使 $2q^p - p^q = 7$.

解 为了使 $2q^p - p^q$ 是奇数, 我们需要 $p \geq 3$. 我们也能看出 $p = q$ 会导致 $p^p = 7$, 这

是无解的. 如果 $q=2$, 那么
$$2^{p+1}=p^2+7.$$
因为对一切 $n\geqslant 4$, 有 $2^{n+1}>n^2+7$, 所以唯一解是 $n=3$.

否则, $q\geqslant 3$. 由费马小定理, p 整除 $2q-7$, q 整除 $p+7$. 设 $p+7=kq$. 如果 $2q-7\leqslant 0$, 那么 $q=3$, p 整除 -1, 所以 $2q-7>0$. 于是 $2q-7\geqslant p$, 所以 $2q\geqslant p+7\geqslant kq$, 所以 $k=1$ 或 $k=2$.

如果 $k=1$, 那么 $p+7=q$, 但是没有两个质数相差 7 (因为必是一奇一偶, 所以 $p=2$. 但此时 $q=9$, 不是质数). 于是 $k=2$, $p+7=2q$. 假定 $p>q$; 因为 $p\geqslant 3, q\geqslant 3, q^p>p^q$, 所以 $7=2q^p-p^q>p^q\geqslant 27$, 这是一个矛盾. 因此 $p<q, p+7=2q>2p$, 所以 $p=3$ 或 $p=5$. 如果 $p=3$, 那么 $q=5$. 如果 $p=5$, 那么 q 整除 12, 这就导致无解.

于是, 仅有的解是 $(p,q)=(3,2)$ 和 $(3,5)$.

例 5.10   求方程 $3^x-y^3=1$ 的正整数解.

解   我们有
$$3^x=(y+1)(y^2-y+1),$$
因此, 对于某个正整数 a, b, 有
$$y+1=3^a \text{ 和 } y^2-y+1=3^b.$$
由此推出
$$(3^a-1)^2-(3^a-1)+1=3^b.$$
该式可以改写为
$$3^{2a-1}-3^a-3^{b-1}=-1.$$
因为 $2a-1$ 和 a 为正, 所以左边能被 3 整除, 除非 $b=1$. 于是我们有
$$3^{2a-1}-3^a-1=-1,$$
这表明 $2a-1=a$, 或 $a=1$. 于是 $y=2$, 所以 $(x,y)=(2,2)$ 是唯一解.

例 5.11   证明: 对于每一个正整数 n, 数
$$N=4^n+8^n+16^n+2(3^n+6^n+12^n)$$
至少有三个不同的质因数.

证明   注意到给定的数 N 可分解为
$$N=2(2^{2n-1}+3^n)(1+2^n+4^n).$$
因为所有三个因子都大于 1, 所以每一个因子都有一个质因数. 我们只需要证明每一个因子都有一个质因数, 这个质因数不是其他两个因子的质因数. 从第一个因子我们看到 2 是 N 的质因数, 另两个因子是奇数, 所以不存在与另两个因子重叠的情况.

第二个因子同余 $2\pmod 3$, 所以它有一个奇数因子同余 $2\pmod 3$. 现在考虑第三个因子的任何 p. 如果 $p\equiv 0$ 或 $1\pmod 3$, 那么已经完成, 所以为了寻找矛盾, 假定 $p\equiv 2\pmod 3$. 设 $p=3k+2$, 由费马小定理, 得

$$1 \equiv (2^n)^{3k+1} \equiv 2 \cdot (8^n)^k = 2^n[1+(2^n-1)(1+2^n+4^n)]^k \equiv 2^n \cdot (1)^k \equiv 2^n (\bmod p),$$

这表明

$$0 \equiv 1 + 2^n + 4^n \equiv 1 + 1 + 1 \equiv 3 (\bmod p),$$

所以 $p=3$，这是一个矛盾. 于是 $p \not\equiv 2 (\bmod 3)$，我们的三个质因数不同.

例 5.12 求满足

$$2^t = 3^x \cdot 5^y + 7^z$$

的一切正整数有序四数组 (t,x,y,z).

解 两边取模 3，得到 $2^t \equiv 1 (\bmod 3)$，所以 t 必是偶数. 两边取模 5，得到 $2^t \equiv 2^z (\bmod 5)$，所以 $2^{t-z} \equiv 1 (\bmod 5)$，这表明 $t-z$ 是 4 的倍数. 此外，z 是偶数，$t \geqslant 6$，所以两边取模 8，得到 $0 \equiv 3^x \cdot (-3)^y + (-1)^z (\bmod 8)$，这表明 $3^{x+y} \equiv (-1)^{y+1} (\bmod 8)$. 如果 y 是偶数，那么 $3^{x+y} \equiv -1 (\bmod 8)$，这不可能. 所以 y 是奇数，且 $3^{x+y} \equiv 1 (\bmod 8)$. 于是 $x+y$ 是偶数，x 是奇数.

设 $t=2m$（这里 $m \geqslant 3$），$z=2n$（这里 $n \geqslant 1$）. 于是我们可以将原方程改写为以下形式

$$(2^m - 7^n)(2^m + 7^n) = 3^x \cdot 5^y.$$

因为 $\gcd(2^m - 7^n, 2^m + 7^n) = 1$，我们必有以下三种情况之一：

$$2^m - 7^n = 3^x, 2^m + 7^n = 5^y \tag{1}$$

$$2^m - 7^n = 5^y, 2^m + 7^n = 3^x \tag{2}$$

$$2^m - 7^n = 1, 2^m + 7^n = 3^x \cdot 5^y \tag{3}$$

在前两种情况下，$2^m \mp 7^n = 3^x$. 因为 $m \geqslant 3$，x 是奇数，这给出 $\mp (-1)^n \equiv 3 (\bmod 8)$，这不可能. 在第三种情况下，$2^m - 7^n = 1$ 表明 $2^m \equiv 1 (\bmod 7)$，所以 m 能被 3 整除. 设 $m = 3k$，那么

$$(2^k - 1)(2^{2k} + 2^k + 1) = 7^n.$$

设 $d = \gcd(2^k - 1, 2^{2k} + 2^k + 1)$，那么 d 整除

$$(2^{2k} + 2^k + 1) - (2^k - 1) + (2^k - 1) = 3,$$

所以 $d = 1$ 或 $d = 3$. 但是 $2^k - 1$ 和 $2^{2k} + 2^k + 1$ 都是 7 的幂，所以 $d = 1$，$2^k - 1 = 1$，$2^{2k} + 2^k + 1 = 7$. 由此推出 $k = 1$，$n = 1$，$m = 3$，$t = 6$，$z = 2$ 和 $x = y = 1$. 于是，唯一解是 $(t, x, y, z) = (6, 1, 1, 2)$.

例 5.13 是否存在正整数 m, n，且 $m < n < 1.001m$，使 n^n 能被 m^m 整除？

解 得到整除性的最容易的方法是使用有公共底的指数，就像我们将 k^a 被 k^b 整除的命题转化为 a 和 b 的大小关系的命题. 记住这一点，我们对某个正整数 k，设 $\gcd(n,m) = k^k$. 现在，我们对于某个正整数 x, y，设 $n = k^k x$，$m = k^k y$. 为了找到适当的 x, y，我们将此代入整除性的条件

$$(k^k y)^{k^k y} \mid (k^k x)^{k^k x}.$$

现在我们观察到如果 y 也是 k 的幂，那么我们只需要 $k^k x$ 相对于 $k^k y$ 足够大能使整除性成

立. 于是我们设 $y=k$, 所以我们的条件简化为
$$k^{k^{k+1}(k+1)} \mid (k^k x)^{k^k x} = k^{k^{k+1}x} x^{k^k x}.$$

现在 x 的选择很明显；设 $x=k+1$, 可以看出上面的整除性成立, 所以 m^m 整除 n^n. 但是, 我们还需要满足关于 n 和 m 的不等式.

幸运的是这只需要选取足够大的 k, 因为 $\dfrac{n}{m} = \dfrac{k+1}{k} = 1 + \dfrac{1}{k}$, 对一切 $k > 1\,000$, 它都在 1 和 1.001 之间.

例 5.14 求一切有序正整数数组 (x, y), 且 y 是偶数, 使 $x^x + y^y = y^{x+y} - 1$.

解 因为 $4 \mid y^y$, 所以不存在 $x=1$ 的解, 于是假定 $x \geqslant 2$. 那么 $y^{x+y} = y^x y^y > 2y^y$, 所以 $x^x + y^y > 2y^y - 1 \Rightarrow x^x \geqslant y^y \Rightarrow x \geqslant y$. 现在
$$x^x < x^x + y^y = y^{x+y} - 1 < y^{2x} \Rightarrow x < y^2,$$
即 $x + 1 \leqslant y^2$. 我们将原方程改写为
$$x^x + 1 = y^{x+y} - y^y = y^y(y^x - 1) \Leftrightarrow (x+1)\dfrac{x^x + 1}{x + 1} = y^y(y^x - 1),$$

我们知道这里的 $\dfrac{x^x + 1}{x + 1}$ 是整数, 因为由原来的方程可知 x 是奇数. 特别是它等于 $x^{x-1} - x^{x-2} + \cdots + 1$, 这是 x 个奇数项的和, 仍是奇数. 因为 y 是偶数, 所以 2^y 整除 y^y. 于是, 2^y 整除 $x+1$, 所以
$$2^y \leqslant x + 1 \leqslant y^2 \Rightarrow y \leqslant 4.$$

在 $y=2$ 的情况下, 我们得到 $4 \leqslant x + 1 \leqslant 4 \Rightarrow x = 3$, 这满足原方程; 当 $y=4$ 时, 得到 $16 \leqslant x + 1 \leqslant 16 \Rightarrow x = 15$, 这不满足原方程. 于是, 唯一解是 $(x, y) = (3, 2)$.

例 5.15 求一切有序正整数三数组 (x, y, z), 且 y 是质数, 使 $7^x - y \cdot 2^z = 1$.

解 将原方程改写为
$$(7-1)(7^{x-1} + 7^{x-2} + \cdots + 1) = y \cdot 2^z.$$

如果 $z=0$, 那么 $6 \mid y$, 这不可能. 于是 $z \geqslant 1$, 所以我们可以写为
$$3(7^{x-1} + 7^{x-2} + \cdots + 1) = y \cdot 2^{z-1} \Rightarrow 3 \mid y \Rightarrow y = 3$$
$$\Rightarrow 7^{x-1} + 7^{x-2} + \cdots + 1 = 2^{z-1}.$$

如果 $z=1$, 因为左边是 x 的增函数, 所以 $x=1$ 是唯一解. 如果 $z>1$, 那么 2^{z-1} 是偶数; 由于左边由 x 个奇数项组成, 所以 x 必是偶数. 设 $x = 2k$, 回到原方程, 我们得到对于某个 a 和 b, 有
$$3 \cdot 2^z = 7^x - 1 = (7^k - 1)(7^k + 1) \Rightarrow 7^k - 1 = 3 \cdot 2^a, 7^k + 1 = 2^b,$$

这里我们用了 $7^k \equiv 1 \pmod 3$ 这一事实. 于是
$$2^b - 2 = 3 \cdot 2^{z-1} \Rightarrow 2(2^{b-1} - 1) = 3 \cdot 2^{z-1} \Rightarrow 2^{b-1} - 1 = 3 \Rightarrow b = 3.$$

那么 $7^k + 1 = 8$, 所以 $k = 1 \Rightarrow x = 2, z = 4$.

结论是我们的方程只有解 $(x, y, z) = (1, 3, 1)$ 和 $(x, y, z) = (2, 3, 4)$.

例 5.16 是否存在正整数 k,使 $3^{6n-3}+3^{3n-1}+1$ 是完全立方数?

解 答案是否定的. 设
$$N=3^{6n-3}+3^{3n-1}+1.$$
如果 N 是完全立方数,那么
$$27N=3^{6n}+3^{3n+2}+27$$
也是完全立方数,当 $k=3^{3n}$ 时,上式为 $k^2+9k+27$. 因为 $k^2+9k+27$ 和 k 都是完全立方数,所以它们的积
$$k^3+9k^2+27k=(k+3)^3-27$$
也是完全立方数. 但是不存在两个正整数的立方相差 27,这是一个矛盾.

例 5.17 求一切正整数 $x,y(x,y\geqslant 1)$,满足方程
$$x^{y^2}=y^x.$$

解 由命题 5.2,我们知道存在正整数 a,p,q,使 $x=a^p$ 和 $y=a^q$.

如果 $a=1$,那么 $(x,y)=(1,1)$ 是平凡解. 设 $a>1$,原方程变为 $a^{pa^{2q}}=a^{qa^p}$,可归结为 $pa^{2q}=qa^p$. 因此 $p\neq q$,于是可分两种不同的情况:

情况 1 $p>q$. 此时由 $a^{2q}<a^p$,推得 $p>2q$. 对于某个正整数 d,设 $p=2q+d$. 可将方程改写为
$$p=a^{p-2q}q \Leftrightarrow d=q(a^d-2).$$
可以看出对于每一个 $d>2$,有 $2^d-2>d$,所以必有 $d\leqslant 2$.

当 $d=1$ 时,得到 $q=1$ 和 $a=p=3$,于是 $(x,y)=(27,3)$,这的确是一组解. 当 $d=2$ 时,得到 $q=1,a=2$ 和 $p=4$,所以 $(x,y)=(16,2)$,这是另一组解.

情况 2 $p<q$. 像上面一样,对于某个正整数 d,设 $2q=p+d$. 我们可将方程改写为
$$q=pa^{2q-p} \Leftrightarrow d=p(2a^d-1).$$
但是,这一等式不能成立,因为对于每一个 $a\geqslant 2,d\geqslant 1$,有 $2a^d-1>d$. 结论是只有解 $(x,y)=(1,1),(16,2),(27,3)$.

6 微积分中的指数和对数

在第 1 章中,我们分析了像 $f(x)=a^x$ 和 $f(x)=\log_a x$ 的函数的基本性质. 我们能够画出这样的函数的图像,观察到它们是递增或递减的. 但是,要进一步掌握这些函数的形态,以及涉及指数和对数的一些更复杂的函数,应用以下的微积分的一些基本概念将是十分有用的.

我们从导数的记号开始. 对于函数 f 以及给定的一点 x_0,我们定义 f 在 x_0 处的导数是 $f(x)$ 的图像在 x_0 处的切线的斜率,如果这样的切线存在,这个值记作 $f'(x_0)$. 如果对一切 $x \in I, f'(x)$ 存在,我们就说, f 在开区间 I 上可微. 如果 f 在 **R** 上可微,我们就说 f 可微. (在某种情况下,导数 f' 记作 $\dfrac{\mathrm{d}f}{\mathrm{d}x}$.)

图 1 是 $f(x)=x^2$ 的图像以及在 $x=1$ 处的切线. 直线的斜率是 2,所以 $f'(1)=2$.

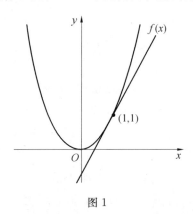

图 1

可以更严格地定义导数,但是对于我们的目的,我们将只用到这一定义. 下面是导数的一些有用的性质;由于我们的定义,证明从略.

导数的性质 设 f,g 是可微函数.

1. 对于任何实数 a 和 b, $(a \cdot f(x)+b \cdot g(x))'=a \cdot f'(x)+b \cdot g'(x)$.

2. (乘法法则) $[f(x)g(x)]'=f'(x)g(x)+f(x)g'(x)$.

3. (除法法则) 如果 $g(x) \neq 0$,则 $\left(\dfrac{f(x)}{g(x)}\right)'=\dfrac{f'(x)g(x)-f(x)g'(x)}{g^2(x)}$.

4. (连锁法则) $(f \circ g)'=(f' \circ g) \cdot g'$.

5. 对一切 $a>0$,有 $(a^x)'=\ln a \cdot a^x$.

6. 对一切 $b>0, b\neq 1$,有 $(\log_b x)' = \dfrac{1}{x\ln b}$.

7. (幂的法则)$(x^a)' = ax^{a-1}$(特别地,常数函数的导数为 0).

8. (中值定理) 如果 f 在 (a,b) 上可微,那么对于某个 $c\in (a,b)$,有 $f'(c) = \dfrac{f(b)-f(a)}{b-a}$.

9. 如果 f 在 (a,b) 上可微,那么当且仅当 $f'(x)$ 在 (a,b) 上分别递增(递减)时,$f(x)$ 在 (a,b) 上分别是凸函数(凹函数).

注 值得注意的是用到自然对数的性质 5 和性质 6. 这意味着 $(e^x)'$ 就是 e^x,$(\ln x)'$ 就是 $\dfrac{1}{x}$. 事实上,定义 e 的一个可能的方法是使 $(a^x)' = a^x$ 的唯一正实数.

现在我们将讨论为什么导数是有用的. 首先,我们可以利用导数描绘出一个给定的函数在一个区间上递增或递减.

定理 6.1 设 f 在区间 (a,b) 上可微,那么

- 如果对一切 $x\in (a,b)$,有 $f'(x)\geqslant 0$,那么 $f(x)$ 在区间 (a,b) 上递增.
- 如果对一切 $x\subset (a,b)$,有 $f'(x)\leqslant 0$,那么 $f(x)$ 在区间 (a,b) 上递减.

证明 我们将只证明第一种情况;第二种情况只要将所有的不等式的方向改变即可. 注意到当且仅当对于任何 $x_1, x_2\in (a,b)$,$\dfrac{f(x_2)-f(x_1)}{x_2-x_1}\geqslant 0$ 时,$f(x)$ 在区间 (a,b) 上递增. 但是,由中值定理,存在 $x_3\in (x_1, x_2)$,使 $\dfrac{f(x_2)-f(x_1)}{x_2-x_1} = f'(x_3)\geqslant 0$. 推出结论.

与性质 9 相关,定理 6.1 给我们一个检验一个函数是不是凸函数的容易的方法. 如果 f' 在区间 (a,b) 上可微,当且仅当在该区间上有 $f''(x)\geqslant 0$ 时,那么 f 是凸函数,这里 f'' 是二阶导数(即 f' 的导数).

我们也可以用导数求函数的最大值和最小值. 特别是如果 f 在开区间 (a,b) 上可微,$f(x_0)$ 是 f 在 $[a,b]$ 上的最大值或最小值,那么或者 $x_0 = a$,或者 $x_0 = b$,或者 $f'(x_0) = 0$. 其中的理由是如果导数不是零,我们就根据这个导数得到一个更为极端的值. 例如,如果 $f'(x_0) > 0, x_0 < b$,那么对某个 $c < b - x_0$,$f(x_0)$ 将小于 $f(x_0+c)$.

下面的最初几个例子将表明这些性质是如何起作用的. 然后,我们将看到利用微积分如何解决一些更有趣的问题.

例 6.1 用导数证明第 4 章中的函数 $e^x, -\ln x$ 和 $x\ln x$ 在相应的定义域中是凸函数.

解 我们记得 e^x 的导数仍是 e^x,所以二阶导数也是 e^x,对于任何实数 x,e^x 非负.

对于 $-\ln x$. 我们记得 $-\ln x$ 的导数是 $-\dfrac{1}{x}$,所以由幂的法则,它的二阶导数是 $\dfrac{1}{x^2}$,对

于任何 $x \in (0, \infty)$，$\dfrac{1}{x^2}$ 又是非负的.

最后，利用乘法法则和幂的法则，我们知道

$$(x \ln x)' = (1)(\ln x) + (x)(\dfrac{1}{x}) = \ln x + 1.$$

于是，二阶导数是 $\dfrac{1}{x}$，对于任何 $x \in (0, \infty)$，$\dfrac{1}{x}$ 非负.

例 6.2 已知直线 $y = mx$ 是 $y = 2^x$ 的图像的切线，求 m 的值.

解 对于 $y = 2^x$，$y' = \ln 2 \cdot 2^x$. 于是，$y = 2^x$ 的图像在 $(t, 2^t)$ 处的切线的斜率是 $\ln 2 \cdot 2^t$.

如果切线经过原点，那么

$$\dfrac{2^t}{t} = \ln 2 \cdot 2^t.$$

于是 $t = \dfrac{1}{\ln 2}$，所以 $m = \ln 2 \cdot 2^t = \ln 2 \cdot 2^{\frac{1}{\ln 2}}$.

例 6.3 设 $f: \mathbf{R}^+ \to \mathbf{R}^+$ 定义为 $f(x) = x^x$. 求 $f'(x)$.

解 计算 $f'(x)$ 的困难是底数和指数都不是常数这一事实. 由此想到，将 $f(x)$ 改写为底数是常数的情况：

$$f(x) = x^x = e^{\ln x^x} = e^{x \ln x}.$$

现在我们可以使用连锁法则和乘法法则

$$f'(x) = e^{x \ln x} \cdot (x \ln x)' = e^{x \ln x}(\ln x + 1) = x^x(\ln x + 1).$$

例 6.4 设 $f: [0, \infty) \to \mathbf{R}$ 定义为 $f(x) = x^2 e^{-x}$. 设 M 是 $f(x)$ 的最大值，求 M.

解 我们知道

$$f'(x) = 2x e^{-x} + x^2(-e^{-x}) = -(x^2 - 2x)e^{-x} = -x(x-2)e^{-x}.$$

设导数为零再解 x，我们求出 $x = 0$ 或 $x = 2$. 我们看出，当 $0 \leqslant x \leqslant 2$ 时，$f'(x) \geqslant 0$；当 $x \geqslant 2$ 时，$f'(x) \leqslant 0$. 因此，当 $x = 2$ 时，$f(x)$ 有最大值 $M = f(2) = 4e^{-2}$.

例 6.5 求：使 $f(x) = \dfrac{\ln x}{x}$ 是凸函数的最大区间.

解 我们知道

$$f'(x) = \dfrac{\dfrac{1}{x} \cdot x - \ln x}{x^2} = \dfrac{1 - \ln x}{x^2}$$

以及

$$f''(x) = \dfrac{\left(-\dfrac{1}{x}\right) \cdot x^2 - (1 - \ln x)(2x)}{x^4}$$

$$= \frac{-x - 2x(1 - \ln x)}{x^4}$$

$$= \frac{-1 - 2(1 - \ln x)}{x^3}$$

$$= \frac{2\ln x - 3}{x^3}.$$

要使该函数在一个区间上是凸函数,我们要使二阶导数非负,这意味着 $\ln x \geqslant \frac{3}{2}$,或 $x \geqslant e^{\frac{3}{2}}$,因此,最大的可能区间是 $[e^{\frac{3}{2}}, +\infty)$.

例 6.6 设 n 是正整数. 证明:

$$\frac{1}{n+1} < \ln(n+1) - \ln n < \frac{1}{n}.$$

证明 考虑函数 $f(x) = \ln x$. 因为 $f'(x) = \frac{1}{x}$,由中值定理,存在某个 $c \in (n, n+1)$,使

$$\frac{\ln(n+1) - \ln n}{(n+1) - (n)} = \frac{1}{c}.$$

由不等式 $\frac{1}{n+1} < \frac{1}{c} < \frac{1}{n}$ 推出结论.

例 6.7 假定 $y \geqslant 3$,且

$$\ln \frac{x}{y} = \frac{\ln x}{\ln y}.$$

求 x 的最小可能的值.

解 设 $x = e^a, y = e^b$,所以 $b \geqslant \ln 3$,那么

$$a - b = \frac{a}{b}.$$

解 a,得

$$a = \frac{b^2}{b-1}.$$

那么

$$\frac{\mathrm{d}a}{\mathrm{d}b} = \frac{2b(b-1) - b^2}{(b-1)^2} = \frac{b^2 - 2b}{(b-1)^2} = \frac{b(b-2)}{(b-1)^2}.$$

于是,当 $b = 2$ 时,a 有最小值,此时 $a = 4, x = e^4$.

例 6.8 求 $x^2 = 2^x$ 的实数解的个数.

解 在区间 $(-\infty, 0]$ 上,x^2 从 ∞ 递减到 0,函数 2^x 从 0 递增到 1,所以在这一区间上存在一个解. 在区间 $(0, 1]$ 上,$x^2 \leqslant 1, 2^x \geqslant 1$,所以在这一区间上无解. 因此,我们可以假定 $x > 1$.

由给出的方程,得 $\ln x^2 = x\ln 2$,所以 $2\ln x = x\ln 2$,或

$$\frac{\ln x}{x} = \frac{\ln 2}{2}.$$

将 $f:\mathbf{R}^+ \to \mathbf{R}^+$ 定义为 $f(x) = \frac{\ln x}{x}$. 那么

$$f'(x) = \frac{\frac{1}{x} \cdot x - \ln x \cdot 1}{x^2} = \frac{1 - \ln x}{x^2}.$$

因此,函数 $f(x)$ 在区间 $(1,e]$ 上递增,这已包含解 $x = 2$. 此外,函数 $f(x)$ 在区间 $[e,\infty)$ 上递减. 因为随着 x 变大,$f(x)$ 趋向于 0,所以在这一区间上恰有一解. 于是,方程 $x^2 = 2^x$ 有三个解.

例 6.9 如果 $x,y \in (0,1)$,且 $x + y = 1$,证明:

$$x\ln x + y\ln y \geqslant \ln \frac{1}{2}.$$

证明 对 $x \in (0,1)$,考虑函数 $f(x) = x\ln x + (1-x)\ln(1-x)$. 注意到

$$f'(x) = 1 + \ln x - \ln(1-x) - 1 = \ln \frac{x}{1-x}.$$

因为当 $x < \frac{1}{2}$ 时,$\frac{x}{1-x} < 1$;当 $x > \frac{1}{2}$ 时,$\frac{x}{1-x} > 1$,我们知道 $f(x)$ 直到 $x = \frac{1}{2}$ 都递减,在这一点上 $f(x)$ 递增. 于是

$$x\ln x + (1-x)\ln(1-x) \geqslant \frac{1}{2}\ln \frac{1}{2} + (1 - \frac{1}{2})\ln(1 - \frac{1}{2}) = \ln \frac{1}{2},$$

因为 $y = 1 - x$,所以这就是所求的不等式.

注 上面的不等式也可用 Jensen 不等式以及 $x\ln x$ 是凸函数这一事实证明.

例 6.10 求一切有序正整数对 (x,y),使

$$x^y = y^x.$$

解 首先注意到 $x = y$ 总是解,所以考虑 $x \neq y$ 的情况. 不失一般性,设 $x > y$. 我们可将上面的方程改写为 $x^{\frac{1}{x}} = y^{\frac{1}{y}}$,或 $\frac{\ln x}{x} = \frac{\ln y}{y}$. 设 $f:\mathbf{R}^+ \to \mathbf{R}^+$ 定义为 $f(x) = \frac{\ln x}{x}$. 由例 6.8,我们知道 $f'(x) = \frac{1 - \ln x}{x^2}$,所以 $f(x)$ 在区间 $[1,e]$ 上递增,在区间 $[e, +\infty)$ 上递减. 于是,x 和 y 必在不同的区间,所以 $y \in \{1,2\}, x \in \{3,4,\cdots\}$. 如果 $y = 1$,那么 $x = 1$. 如果 $y = 2$,那么 $x^{\frac{1}{x}} = \sqrt{2}$,有唯一解 $x = 4$.

结论是,解是 $(x,y) = (k,k), (2,4), (4,2)$,其中 k 是任意正整数.

注 读者可能在上一章数论中的指数和对数中见过上面的例题. 利用微积分解决本题要比前面简单,且无须考虑数论的知识.

例 6.11 假定对某个正实数 $a \neq 1$ 和 x,有 $\log_a x = \log_{10} a^x$. 求 a 的可能的最大值.

解 由已知方程得到
$$\frac{\ln x}{\ln a} = \frac{x \ln a}{\ln 10},$$
所以
$$(\ln a)^2 = \frac{(\ln 10)(\ln x)}{x}.$$
于是,我们要使
$$f(x) = \frac{(\ln 10)(\ln x)}{x}$$
最大. 我们有
$$f'(x) = \frac{(\ln 10)(\frac{1}{x} \cdot x - \ln x)}{x^2} = \frac{(\ln 10)(1 - \ln x)}{x^2}.$$
于是,$f(x)$ 在 $x = e$ 处有最大值,所以 $e^{\sqrt{\frac{\ln 10}{e}}}$ 是 a 的可能的最大值.

例 6.12 求一切正实数 x,使
$$3^{\log_{x+1}(x+2)} + 4^{\log_{x+2}(x+3)} = 25^{\log_{x+3}(x+1)}.$$

解 首先注意到 $x = 2$ 是一个解. 我们断言这是唯一解.
对任何实数 $x > 1$,设 $f(x) = \log_x(x+1)$. 由换底公式
$$\log_x(x+1) = \frac{\ln(x+1)}{\ln x},$$
所以,利用除法法则,得
$$f'(x) = \frac{\frac{\ln x}{x+1} - \frac{\ln(x+1)}{x}}{(\ln x)^2} < 0.$$
类似地,函数 $g(x) = \log_{x+2}(x)$ 有导数
$$g'(x) = \frac{\frac{\ln(x+2)}{x} - \frac{\ln x}{x+2}}{[\ln(x+2)]^2} > 0.$$
于是,$\log_{x+1}(x+2)$ 和 $\log_{x+2}(x+3)$ 递减,而 $\log_{x+3}(x+1)$ 递增. 这意味着原方程的左边递减,右边递增,所以至多只能有一个解,即 $x = 2$.

例 6.13 已知存在唯一的正的常数 a,对于一切实数,有
$$a^x \geqslant \frac{x}{2} + 1.$$
求 a.

解 设
$$f(x) = a^x - \frac{x}{2} - 1,$$

所以对一切 x,有 $f(x) \geqslant 0$. 我们有 $f'(x) = a^x \cdot \ln a - \dfrac{1}{2}$. 注意到 $f(0) = 0$,所以 $x = 0$ 必定是 $f(x)$ 的局部最小值,这意味着 $f'(0) = \ln a - \dfrac{1}{2} = 0$. 因此,$a = \mathrm{e}^{\frac{1}{2}}$. 对于 a 的这个值,

$$f'(x) = \dfrac{1}{2}\mathrm{e}^{\frac{x}{2}} - \dfrac{1}{2} = \dfrac{\mathrm{e}^{\frac{x}{2}} - 1}{2}.$$

我们看到对一切 $x \geqslant 0$,有 $f'(x) \geqslant 0$;对一切 $x \leqslant 0$,有 $f'(x) \leqslant 0$,所以在 $x = 0$ 处的局部最小值就是整体最小值,事实上,对一切 x,都有 $f(x) \geqslant 0$.

例 6.14 如果 n 是大于 1 的正整数,证明:

$$\log_{n+1}(2n+1) < \dfrac{2n+1}{n+1}.$$

证明 利用换底公式,我们可以将原不等式改写为

$$\dfrac{\ln(2n+1)}{\ln(n+1)} < \dfrac{2n+1}{n+1} \Leftrightarrow \dfrac{\ln(2n+1)}{2n+1} < \dfrac{\ln(n+1)}{n+1}.$$

设 $f(x) = \dfrac{\ln x}{x}$,因为 $f'(x) = \dfrac{1 - \ln x}{x^2}$,所以当 $x > \mathrm{e}$ 时,$f(x) = \dfrac{\ln x}{x}$ 严格递减. 由这一事实推得上面的不等式成立.

例 6.15 设 a 是正实数. 证明:存在唯一的正实数 μ,对一切 $x > 0$,有

$$\dfrac{\mu^x}{x^\mu} \geqslant a^{\mu - x}.$$

证明 考虑函数 $f:(0, +\infty) \to \mathbf{R}, f(x) = \dfrac{\ln ax}{x}$.

我们有

$$f'(x) = \dfrac{1 - \ln ax}{x^2},$$

所以,当且仅当 $x = \dfrac{\mathrm{e}}{a}$ 时

$$f'(x) = 0.$$

推出 $\mu = \dfrac{\mathrm{e}}{a}$ 是函数 f 的最大点,所以对于一切正实数 x,μ 是使 $f(x) \leqslant f(\mu)$ 唯一的点.

因此,对一切 $x > 0$,有

$$\dfrac{\mu^x}{x^\mu} \geqslant a^{\mu - x}.$$

例 6.16 证明:对一切 $x > 0$,有

$$\left(1 + \dfrac{1}{x}\right)^x < \mathrm{e} < \left(1 + \dfrac{1}{x}\right)^{x+1}.$$

证明 考虑 e^x 的图像在点 $(0, 1)$ 处的切线.

该切线的斜率是 1,所以包含点 $(\frac{1}{x}, 1+\frac{1}{x})$ 以及 $(-\frac{1}{x+1}, 1-\frac{1}{x+1})$. 因为 e^x 是凸函数,所以它在过这两点的直线的上方. 于是

$$e^{\frac{1}{x}} > 1 + \frac{1}{x} \text{ 和 } e^{-\frac{1}{x+1}} > 1 - \frac{1}{x+1}.$$

可改写为

$$e > (1+\frac{1}{x})^x \text{ 和 } e < (1+\frac{1}{x})^{x+1},$$

这等价于本题的命题.

注 上述问题给了我们估计 e 的值的一种方法,只要对某个很大的正整数 n,考虑 $(1+\frac{1}{n})^n$ 和 $(1+\frac{1}{n})^{n+1}$. 例如,$n=100$ 给出 $2.705 < e < 2.732$,$n=1\,000$ 给出 $2.717 < e < 2.720$(记住 e 的实际的值近似于 2.718). 下面的例题将证明为什么这是一个好的近似值.

例 6.17 定义函数 $f(n) = e - (1+\frac{1}{n})^n$. 证明:只要取足够大的 n,我们就能使 $f(n)$ 任意接近于 0.

证明 从前面的例题,我们知道

$$0 < f(n) < (1+\frac{1}{n})^{n+1} - (1+\frac{1}{n})^n.$$

可以将右边改写为

$$\left(\frac{n+1}{n}\right)^{n+1} - \left(\frac{n+1}{n}\right)^n = \frac{(n+1)^n}{n^{n+1}}.$$

由二项式定理,分子等于

$$(n+1)^n = \sum_{k=0}^{n} n^{n-k} \begin{bmatrix} n \\ k \end{bmatrix}.$$

但是,注意到

$$\begin{bmatrix} n \\ k \end{bmatrix} = \frac{n(n-1)\cdots(n-k+1)}{k!} < \frac{n^k}{k!},$$

所以

$$\frac{(n+1)^n}{n^{n+1}} < \frac{\sum_{k=0}^{n} n^{n-k}(\frac{n^k}{k!})}{n^{n+1}} = \frac{1}{n} \sum_{k=0}^{n} \frac{1}{k!}.$$

如果设

$$S_n = \sum_{k=0}^{n} \frac{1}{k!} = \frac{1}{0!} + \frac{1}{1!} + \cdots + \frac{1}{n!},$$

那么 $f(n)$ 的上界就变为 $f(n)<\dfrac{S_n}{n}$. 最后, 我们只需要证明 S_n 相对于 n 很小. 引入下面的引理:

引理 对任何正整数 n, $S_n \leqslant 3-\dfrac{1}{n}$.

证明 我们用归纳法. 容易验证 $n=1$ 的基本情况. 现在假定对 n, 断言成立; 我们将证明对 $n+1$, 断言也成立. 注意到

$$S_{n+1}=S_n+\frac{1}{(n+1)!}\leqslant 3-\frac{1}{n}+\frac{1}{(n+1)!}.$$

所以余下的是要证明

$$\frac{1}{(n+1)!}+\frac{1}{n+1}\leqslant \frac{1}{n} \Leftrightarrow n(n!+1)\leqslant (n+1)!=(n+1)n!,$$

这是从 $n\leqslant n!$ 这一事实推出的.

由引理, 我们推出 $0<f(n)<\dfrac{3}{n}$, 所以 $f(n)$ 能任意接近于 0, 这就是所需要的.

注 注意到

$$0<(1+\frac{1}{n})^{n+1}-\mathrm{e}<(1+\frac{1}{n})^{n+1}-(1+\frac{1}{n})^n,$$

我们也可以证明这一上界是很好的近似值.

例 6.18 设 $a_1,a_2,\cdots,a_n$ 是正实数, 且 $a_1a_2\cdots a_n=1$. 证明: 对一切 $x>1$, 有

$$a_1^x+a_2^x+\cdots+a_n^x\geqslant a_1+a_2+\cdots+a_n.$$

证明 定义 $f:\mathbf{R}\to \mathbf{R}$ 为 $f(x)=a_1^x+a_2^x+\cdots+a_n^x$. 我们有

$$f'(x)=a_1^x\ln a_1+a_2^x\ln a_2+\cdots+a_n^x\ln a_n,$$

所以

$$f'(0)=\ln(a_1a_2\cdots a_n)=0.$$

因为

$$f''(x)=a_1^x(\ln a_1)^2+a_2^x(\ln a_2)^2+\cdots+a_n^x(\ln a_n)^2\geqslant 0,$$

推出 $f'(x)$ 递增. 因此对一切 $x\geqslant 0$, 有 $f'(x)\geqslant 0$, 所以当 $x\geqslant 0$ 时, $f(x)$ 递增.

于是, 只要 $x\geqslant 1$, 就有 $f(x)\geqslant f(1)$, 这表明

$$a_1^x+a_2^x+\cdots+a_n^x\geqslant a_1+a_2+\cdots+a_n,$$

这就是所需要的.

7　入门题

1. 求表达式
$$\log_3^2 45 - \frac{\log_3 15}{\log_{135} 3}$$
的值.

2. (2005 ARML) 设 A, R, M 和 L 是正实数,且
$$\log(A \cdot L) + \log(A \cdot M) = 2, \log(M \cdot L) + \log(M \cdot R) = 3,$$
和
$$\log(R \cdot A) + \log(R \cdot L) = 4.$$
计算 $A \cdot R \cdot M \cdot L$ 的值.

3. 如果 $2^x - 2^y = 1, 4^x - 4^y = \frac{5}{3}$,求 $x - y$.

4. 如果 $x^{\log_3 2} = 81$,求 $x^{(\log_3 2)^2}$.

5. 求一切正整数 $n(n > 1)$,使 $\log_n(n+4)$ 是有理数.

6. 设 a, b 是正整数,且
$$2 + \log_2 a = 3 + \log_3 b = \log_6(a+b).$$
求: $\frac{1}{a} + \frac{1}{b}$.

7. 求一切有序正整数四数组 (a, b, c, d),使
$$\log_a b = \frac{3}{2}, \log_c d = \frac{5}{4}, a - c = 9.$$

8. 求一切实数 x, y,使 $64^{2x} + 64^{2y} = 12$ 和 $64^{x+y} = 4\sqrt{2}$.

9. 如果 a, b, c, d 是不等于 1 的正实数,证明:
$$\log_a d \log_b d + \log_b d \log_c d + \log_c d \log_a d = \frac{\log_a d \log_b d \log_c d}{\log_{abc} d}.$$

10. (2010 AIME) 假定 $y = \frac{3}{4} x, x^y = y^x$. 求 x 和 y.

11. 如果 $a > 1$,证明:不存在实系数多项式 $P(x), Q(x)$,对于一切 $x > 0$,有
$$\log_a x = \frac{P(x)}{Q(x)}.$$

12. 设 x, y, z 是不等于 1 的正实数,且

$$y = 10^{\frac{1}{1-\log x}} \text{ 和 } z = 10^{\frac{1}{1-\log y}}.$$

证明：
$$x = 10^{\frac{1}{1-\log z}}.$$

13. 如果 $a > b > 1$ 是实数，且 $a - b \neq 1$，设 $A = \log_a(a-b)$，$B = \log_b(a-b)$. 证明：$a^2 + b^2 = 3ab \Leftrightarrow A + B = 2AB$.

14. (2016 AIME II) 求一切实数三数组 (x, y, z)，满足方程组
$$\begin{cases} \log_2(xyz - 3 + \log_5 x) = 5 \\ \log_3(xyz - 3 + \log_5 y) = 4 \\ \log_4(xyz - 3 + \log_5 z) = 4 \end{cases}$$

15. 求一切实数 x，对一切 $a > 1$，有
$$\frac{\log_a(35 - x^3)}{\log_a(5 - x)} > 3.$$

16. (2016 AMC 12A) 将 $y = \log_3 x$，$y = \log_x 3$，$y = \log_{\frac{1}{3}} x$，$y = \log_x \frac{1}{3}$ 的图像画在同一个坐标系中. 平面内 $x-$ 坐标为正的点有多少个点位于两个或更多个图像上？

17. (2014 ARML) 对于 k 的某些值，存在满足以下方程组
$$\begin{cases} \log_x y^2 + \log_y x^5 = 2k - 1 \\ \log_{x^2} y^5 - \log_{y^2} x^3 = k - 3 \end{cases}$$
的正实数 x, y. 计算所有这样的 k 的值的和.

18. (AIME) 已知方程
$$2^{333x-2} + 2^{111x+2} = 2^{222x+1} + 1$$
有三个实数根，求这三个实数根的和.

19. (IMO LL 1967) 确定方程 $x^{-x} = \sqrt{2}$ 的一切正根.

20. (2008 AMC 12A) 数 $\log(a^3 b^7)$，$\log(a^5 b^{12})$ 和 $\log(a^8 b^{15})$ 是等差数列的前三项，第 12 项是 $\log(b^n)$. n 是什么？

21. 设 a, b 是不等于 1 的正实数. 求一切有序实数对 (x, y)，使 $xy = 1, a^x b^y = ab$.

22. 设 m, n 是大于 1 的正整数. 证明：
$$(\log_n m!)^2 + (\log_m n!)^2 \geq \frac{nm}{2}.$$

23. 求一切正实数 a，对于任何实数 x，有
$$2^x + 3^x + a^x \geq 4^x + 5^x + 6^x.$$

24. 设 a, b, c 是正实数，且 $abc = 1$. 证明：
$$a^{b+c} b^{c+a} c^{a+b} \leq 1.$$

25. 已知实数 $a > 1$，求一切正实数 x，使

$$2\log_x a + \log_{ax} a + 3\log_{a^2 x} a > 0.$$

26. (2009 AMC 12A) 2 的塔形函数递推地定义为:$T(1)=2$,当 $n \geq 1$ 时,$T(n+1) = 2^{T(n)}$. 设
$$A = (T(2\,009))^{T(2\,009)} \text{ 和 } B = (T(2\,009))^A.$$
由
$$\underbrace{\log_2 \log_2 \log_2 \cdots \log_2}_{k\text{个}} B$$
定义的最大整数 k 是什么?

27. 设 a, b 是小于 1 的正实数. 证明:
$$ab \leq a^{\sqrt{\log_a b}} b^{\sqrt{\log_b a}}.$$

28. 解 x: $\log(2x) = \dfrac{1}{4}\log[(x-15)^4]$.

29. (Jose Luis Dias-Barrero Kvant) 设 $a_1, a_2, \cdots, a_n$ 是实数,且每一个都大于 1. 证明:
$$\sum_{k=1}^{n} [1 + \log_{a_k}(a_{k+1})]^2 \geq 4n,$$
这里 $a_{n+1} = a_1$.

30. 设 x, y 是不等于 1 的正实数,且
$$(\log_2 x)^2 + 9(\log_3 y)^2 = 6(\log_2 x)(\log_3 y).$$
求 $\log_y x$ 的值.

31. (2000 ARML) 如果 $b = 2\,000$,计算下列无穷和
$$(\log_b 2)^0 (\log_b 5^{4^0}) + (\log_b 2)^1 (\log_b 5^{4^1}) + (\log_b 2)^2 (\log_b 5^{4^2}) + \cdots$$
的数值.

32. (2004 ARML) 求使方程组:
$$\begin{cases} \sqrt{xy} = b^b \\ \log_b(x^{\log_b y}) + \log_b(y^{\log_b x}) = 4b^4 \end{cases}$$
有实数解 (x, y) 的 b 的一切值.

33. 解方程
$$\frac{36^x}{54^x - 24^x} = \frac{6}{5}.$$

34. 求一切正实数 x, y, z,使
$$xyz = 1,$$
$$9^x + 9^y + 9^z = \frac{81}{x+y+z}.$$

35. 求一切实数 $x > 1$,满足方程

$$(\log_2 x)^4 + (\log_2 x)^2 \log_{2x}\left(\frac{2}{x}\right) = 1.$$

36. 求一切实数 x,y,z,对于某正实数 a,有
$$\begin{cases} x+3y+5z=9 \\ a^x+3a^y+5a^z=9a \end{cases}.$$

37. 证明:对一切 $x \geqslant 0$,有
$$3^{x^5} + 9^{x^4} + 3^{32} \geqslant 3^{4x^3+1}.$$

38. 证明:
$$\log_2 3 + \log_3 4 + \log_4 5 > 4.$$

39. (Polish MO) 是否存在大于 1 的正整数,至少能以 2 016 种方法写成 n^{n^k} 的形式,这里 n,k 是正整数.

40. 设 a,b,c 是大于 1 的正实数. 求
$$\log_a bc + \log_b ca + \log_c ab$$
的最小可能值.

41. 设 a,b 是非负实数,且 $a+b=1$. 求 $3^a + 27^b$ 的最小可能值.

42. 证明:$\log_4 5 \cdot \log_6 7 \cdots \log_{80} 81 < 2.$

43. 设 x,y 是正实数,且 $x+y=1$. 证明:
$$\ln(1+x)\ln(1+y) \leqslant \ln\left(\frac{3}{2}\right)^2.$$

44. 求
$$\sum_{n \mid 6^5} \lfloor \log_3 n \rfloor,$$
这里的和式取遍整除 6^5 的一切正整数 n.

45. (1974 USAMO) 如果 a,b,c 是正实数,证明:
$$(abc)^{\frac{a+b+c}{3}} \leqslant a^a b^b c^c.$$

46. 设 n 是正整数. 证明:
$$2^{2^{n+1}} + 2^{2^n} + 1$$
是至少 $n+1$ 个大于 1 的不同的正整数的积.

47. (2012 AMC 12A) 设 $\{a_k\}_{k=1}^{2011}$ 是实数数列,定义为
$$a_1 = 0.201, a_2 = (0.2011)^{a_1}, a_3 = (0.20101)^{a_2}, a_4 = (0.201011)^{a_3}.$$
一般地,有
$$a_k = \begin{cases} (0.\underbrace{20101\cdots0101}_{k+2 \text{个数字}})^{a_{k-1}}, k \text{ 是奇数} \\ (0.\underbrace{20101\cdots01011}_{k+2 \text{个数字}})^{a_{k-1}}, k \text{ 是偶数} \end{cases}.$$

将数列 $\{a_k\}_{k=1}^{2011}$ 中的数重新排列成递减数列,得到一个新的数列 $\{b_k\}_{k=1}^{2011}$. 当 $1 \leqslant k \leqslant 2011$ 时,使 $a_k = b_k$ 的一切整数 k 的和是什么?

48.(AIME) 已知方程组
$$\begin{cases} \log_{225} x + \log_{64} y = 4 \\ \log_x 225 - \log_y 64 = 1 \end{cases}$$
的解是 (x_1, y_1) 和 (x_2, y_2). 求 $\log_{30}(x_1 y_1 x_2 y_2)$.

49.(Titu Andreescu, Mathematical Reflections) 是否存在正整数 n,使 $4^{5^n} + 5^{4^n}$ 是质数?

50.对于每一个正整数 k,设 $f(k) = 4^k + 6^k + 9^k$. 证明:对于一切非负整数 $m \leqslant n$, $f(2^m)$ 整除 $f(2^n)$.

51.求一切有序三数组 (x, y, z),使 x, y, z 都是质数,且 $x^y + 1 = z$.

52.(Titu Andreescu) 设 m 和 n 是正整数. 证明:对于任何正实数 x,有
$$\frac{x^{mn} - 1}{m} \geqslant \frac{x^n - 1}{x}.$$

53.(Michel Bataille, Kvant) 求一切整数 n,使
$$\frac{7n-12}{2^n} + \frac{2n-14}{3^n} + \frac{24n}{6^n} = 1.$$

54.(2013 AMC 12B) 设 $m > 1, n > 1$ 是整数. 假定关于 x 的方程
$$8 \log_n x \log_m x - 7 \log_n x - 6 \log_m x - 2013 = 0$$
的解的积是最小可能的整数. m 和 n 是什么数?

55.(1991 IMO LL) 求方程
$$3^x + 4^y = 5^z$$
的一切正整数解 x, y, z.

56.对于怎么样的正整数 $n \geqslant 2$,表达式
$$\frac{2^{\log 2} 3^{\log 3} \cdots n^{\log n}}{n!}$$
取最小值.

57.如果 a, b, c 是正实数,证明:
$$a^a b^b c^c \geqslant \left(\frac{a+b}{2}\right)^{\frac{a+b}{2}} \left(\frac{b+c}{2}\right)^{\frac{b+c}{2}} \left(\frac{c+a}{2}\right)^{\frac{c+a}{2}}.$$

8　提高题

1. 设 a 和 b 是大于 1 的正实数，且 $a+b=10$. 解方程
$$(a^{\log x}+b)^{\log a}=x-b.$$

2. 求一切有序正整数对 (x,n)，使 x^n+2^n+1 整除 $x^{n+1}+2^{n+1}+1$.

3. 是否存在正整数 $k>1$，使方程 $n^{n^k}=m^m$ 至少有一个正整数解 m,n？

4. 设 a 是正实数，且方程组
$$\begin{cases} x+y+z=1 \\ a^x+a^y+a^z=14-a \end{cases}$$
有实数解. 证明：$a \leqslant 8$.

5. (Titu Andreescu, Mathematical Reflections) 求一切正整数 n，使
$$2(6+9i)^n-3(1+8i)^n=3(7+4i)^n.$$

6. 设 x,y 是正实数，且 $x^y+y=y^x+x$. 证明：$x+y \leqslant 1+xy$.

7. (1996 Putnam) 设 n 是正整数. 证明：
$$\left(\frac{2n-1}{e}\right)^{\frac{2n-1}{2}} < 1 \cdot 3 \cdot 5 \cdot \cdots \cdot (2n-1) < \left(\frac{2n+1}{e}\right)^{\frac{2n+1}{2}}.$$

8. 是否存在不同的正实数 a,b,c，使
$$\frac{\log a}{b-c}=\frac{\log b}{c-a}=\frac{\log c}{a-b}?$$

9. 设 x,y,z 是小于或等于 $\frac{1}{2}$ 的正实数，证明：
$$x^{2y}+y^{2z}+z^{2x} > 1.$$

10. 如果 $0 \leqslant x \leqslant e$，证明：
$$(e+x)^{e-x} > (e-x)^{e+x}.$$

11. 求方程 $(a-b)^{ab}=a^b \cdot b^a$ 的正整数解.

12. (Dorin Andrica, Mathematical Reflections) 对于正整数 n，定义 $a_n=\prod_{k=1}^{n}(1+\frac{1}{2^k})$. 证明：
$$2-\frac{1}{2^n} \leqslant a_n < e^{1-\frac{1}{2^n}}.$$

13. (Sean Elliott) 设 a,b,c 是正实数. 证明：

$$(a+b)^{\frac{a+b}{2}}(b+c)^{\frac{b+c}{2}}(c+a)^{\frac{c+a}{2}} \geqslant (a+b)^c(b+c)^a(c+a)^b.$$

14. 如果 x,y,z 是大于 1 的实数,证明:当且仅当 e^x, e^y, e^z 成等差数列,且 $\ln x, \ln y, \ln z$ 成等比数列时,e^x, e^y, e^z 成等比数列,且 $\ln x, \ln y, \ln z$ 成等差数列.

15. (Mircea Becheanu, Mathematical Reflections) 求一切正整数 $a > b \geqslant 2$,使
$$a^b - a = b^a - b.$$

16. 求方程
$$2^x + 3^x + 4^x = x^2$$
的解的个数.

17. (Dorin Andrica) 设 λ 是正整数.证明:存在唯一的正实数 θ,对一切实数 $x > 0$,有
$$\theta^{x^\lambda} = x^{\theta^\lambda}.$$

18. 求一切正整数 $n(n \geqslant 3)$,使 $1 + \binom{n}{1} + \binom{n}{2} + \binom{n}{3}$ 是 2 的幂.

19. (Angel Plaza, Mathematical Reflections) 证明:如果 $x \in \mathbf{R}$,且 $|x| \geqslant e$,那么
$$e^{|x|} \geqslant \left(\frac{e^2 + x^2}{2e}\right)^e.$$
如果 $|x| \leqslant e$,那么不等式改变方向.

20. (Titu Andreescu) 求 $2^x - 4^x + 6^x - 8^x - 9^x + 12^x$ 的最小值,这里 x 是正实数.

21. (1984 IMO LL) 确定一切正实数对 (a,b),且 $a \neq 1$,使
$$\log_a b < \log_{a+1}(b+1).$$

22. (Crux Mathematicorum) 设 a,b,c 是正整数,且对某个非负整数 k,有
$$a^{b+k} \mid b^{a+k}, b^{c+k} \mid c^{b+k} \text{ 和 } c^{a+k} \mid a^{c+k}.$$
证明:其中至少有两个相等.

23. 给定一个确定的实数 $a(a > 1)$ 和自然数 $n(n > 1)$,求一切正实数 x,使
$$\log_{a^n + a}(x + \sqrt[n]{x}) = \log_a \sqrt[n]{x}.$$

24. (1991 USAMO) 设 $a = \dfrac{m^{m+1} + n^{n+1}}{m^m + n^n}$,这里 m 和 n 是正整数.证明:
$$a^m + a^n \geqslant m^m + n^n.$$

25. (Titu Andreescu) 在区间 $\left(\dfrac{1}{4}, 1\right)$ 上的一切实数 $x_1, x_2, \cdots, x_n$,求
$$\log_{x_1}\left(x_2 - \frac{1}{4}\right) + \log_{x_2}\left(x_3 - \frac{1}{4}\right) + \cdots + \log_{x_n}\left(x_1 - \frac{1}{4}\right)$$
的最小值.

26. 求一切实数 k,使 $\dfrac{\ln x}{x} = k$ 在 $\mathbf{R}^+$ 中有两个解.

27. 如果 a, n 是正整数,且 $n \geqslant 6$ 以及 $2^a + \log_2 a = n^2$,证明:

$$2\log_2 n > a > 2\log_2 n - \frac{1}{n}.$$

28. (2006 IMO) 确定一切整数对 (x,y)，满足方程
$$1 + 2^x + 2^{2x+1} = y^2.$$

29. 设 x,y,z 是实数，且 $0 < y < x < 1$ 和 $0 < z < 1$. 证明
$$\frac{x^z - y^z}{1 - x^z y^z} > \frac{x - y}{1 - xy}.$$

30. 求一切有序正整数对 (m,n)，使 $2^m + 3^n$ 是完全平方数.

31. 求一切有序正整数三数组 (x,y,n)，使
$$\gcd(x, n+1) = 1 \text{ 和 } x^n + 1 = y^{n+1}.$$

32. (Austrian OM) 设 a,b,c 是正实数，且 $a+b+c=1$. 证明
$$\sqrt{a^{1-a} b^{1-b} c^{1-c}} \leqslant \frac{1}{3}.$$

33. 设 a,b 是正实数. 证明：$a^a + b^b \geqslant a^b + b^a$.

34. (Turkmenistan MO) 设 a,b,c 是大于 1 的实数，n 是正整数. 证明
$$\frac{1}{(\log_{bc} a)^n} + \frac{1}{(\log_{ac} b)^n} + \frac{1}{(\log_{ab} c)^n} \geqslant 3 \cdot 2^n.$$

35. 设 $1 < a_k \leqslant 2, k = 1, 2, \cdots, n$. 证明
$$\log_{a_1}(3a_2 + 2) + \log_{a_2}(3a_3 + 2) + \cdots + \log_{a_n}(3a_1 + 2) \geqslant 3n.$$

36. 求满足方程组
$$\begin{cases} x^3 + 3x - 3 + \log(x^2 - x + 1) = y \\ y^3 + 3y - 3 + \log(y^2 - y + 1) = z \\ z^3 + 3z - 3 + \log(z^2 - z + 1) = x \end{cases}$$
的一切实数 x, y, z.

37. 设 $a_1, a_2, \cdots, a_n \in (0,1)$，设
$$t_n = \frac{n a_1 a_2 \cdots a_n}{a_1 + a_2 + \cdots + a_n}.$$
证明
$$\sum_{k=1}^{n} \log_{a_k} t_n \geqslant (n-1)n.$$

38. 求一切非负实数 x，使存在正实数 $a, b \neq 1$，满足
$$\begin{cases} a + b = 2 \\ a^x + b^x = 2 \end{cases}.$$

39. 如果 a, b, c 是区间 $(0,1)$ 内的实数，证明
$$\frac{(\log_{ab} c)^2}{a+b} + \frac{(\log_{bc} a)^2}{b+c} + \frac{(\log_{ca} b)^2}{c+a} \geqslant \frac{9}{8(a+b+c)}.$$

40. (Dorin Andrica) 设 $x_1, x_2, \cdots, x_n$ 是正实数,且 $x_1 + x_2 + \cdots + x_n = 1$. 证明
$$x_1^{x_1} x_2^{x_2} \cdots x_n^{x_n} \geqslant \frac{1}{n}.$$

41. 设 n 是大于 1 的整数. 证明
$$(n+1)^{1+\frac{1}{n}} (n-1)^{1-\frac{1}{n}} > n^2.$$

42. (Titu Andreescu, Mathematical Reflections) 求方程 $6^x + 1 = 8^x - 27^{x-1}$ 的实数解.

43. 设 $a_0 \geqslant 2, a_{n+1} = a_n^2 - a_n + 1, n > 0$. 证明:对一切 $n \geqslant 1$,有
$$\log_{a_0}(a_n - 1) \log_{a_1}(a_n - 1) \cdots \log_{a_{n-1}}(a_n - 1) \geqslant n^n.$$

44. (1977 IMO SL) 如果 $0 \leqslant a \leqslant b \leqslant c \leqslant d$,证明
$$a^b b^c c^d d^a \geqslant b^a c^b d^c a^d.$$

45. (USAMO 2007) 证明:对于每一个非负整数 n,数 $7^{7^n} + 1$ 至少是 $2n+3$ 个(不必不同的)质数的积.

46. 求一切有序正整数对 (x, y),x, y 都没有大于 5 的质因数,对某个非负整数 k,有
$$x^2 - y^2 = 2^k.$$

47. (Dorin Andrica) 设 $a < b$ 是正整数. 证明:方程
$$\left(\frac{a+b}{2}\right)^{x+y} = a^x b^y$$
在区间 (a, b) 上至少有一个解.

48. (Hadi Khodabandeh) 求方程
$$n^{n^n} = m^m$$
的正整数解.

49. (Titu Andreescu) 设 x, y, z, v 是不同的正整数,且 $x + y = z + v$. 证明:不存在 $\lambda > 1$,使
$$x^\lambda + y^\lambda = z^\lambda + v^\lambda.$$

50. 如果 $a_1, a_2, \cdots, a_n$ 是正实数,且 $a_1 a_2 \cdots a_n = 1$,α, β 是正实数,且 $\alpha \geqslant \beta$,证明
$$a_1^\alpha + a_2^\alpha + \cdots + a_n^\alpha \geqslant a_1^\beta + a_2^\beta + \cdots + a_n^\beta.$$

51. 求一切正整数 n,使 $2^n + 3^n + 13^n - 14^n$ 是整数的立方.

52. (Titu Andreescu, Mathematical Reflections) 设 n 是正整数,$a_1, a_2, \cdots, a_n$ 是区间 $\left(0, \frac{1}{n}\right)$ 内的实数. 证明
$$\log_{1-a_1}(1 - na_2) + \log_{1-a_2}(1 - na_3) + \cdots + \log_{1-a_n}(1 - na_1) \geqslant n^2.$$

53. (Dorin Andrica)(1) 证明:对于任何 $x \geqslant y > 0$,有
$$(ey)^{x-y} \leqslant \frac{x^x}{y^y} \leqslant (ex)^{x-y}.$$

(2) 证明
$$\frac{(n+1)^n}{e^n} < n! < \frac{(n+1)^{n+1}}{e^n}, n \geq 1.$$

54. (Oleg Mushkarov, Mathematical Reflections) 设 n 是整数. 求一切整数 m, 对一切正实数 a 和 b, $a+b=2$, 有 $a^m + b^m \geq a^n + b^n$.

55. 设 a,b,c 是小于 1 的正实数. 证明
$$\log_a \frac{a+b+c}{3} \cdot \log_b \frac{a+b+c}{3} \cdot \log_c \frac{a+b+c}{3} \geq \frac{27abc}{(a+b+c)^3}.$$

56. (2014 Italy TST) 设 a,b,c,p,q,r 是正整数, 且
$$a^p + b^q + c^r = a^q + b^r + c^p = a^r + b^p + c^q.$$
证明: $a=b=c$ 或 $p=q=r$.

57. (Vasile Cartoaje, Mathematical Reflections) 设 a,b 是正实数, 且 $a+b=a^4+b^4$. 证明
$$a^a b^b \leq 1 \leq a^{a^3} b^{b^3}.$$

9 入门题的解答

1. 求表达式

$$\log_3^2 45 - \frac{\log_3 15}{\log_{135} 3}$$

的值.

解 我们有

$$\log_3^2 45 - \frac{\log_3 15}{\log_{135} 3} = \log_3^2 45 - \log_3 15 \cdot \log_3 135$$

$$= \log_3^2 45 - (\log_3 45 - 1)(\log_3 45 + 1)$$

$$= \log_3^2 45 - \log_3^2 45 + 1 = 1.$$

2. (2005 ARML) 设 A, R, M 和 L 是正实数,且

$$\log(A \cdot L) + \log(A \cdot M) = 2, \quad \log(M \cdot L) + \log(M \cdot R) = 3,$$

和

$$\log(R \cdot A) + \log(R \cdot L) = 4.$$

计算 $A \cdot R \cdot M \cdot L$ 的值.

解 将这三个方程相加,利用

$$\log x + \log y = \log xy$$

这一事实,得到

$$\log AM + \log AL + \log ML + \log MR + \log RA + \log RL$$

$$= \log A^3 R^3 M^3 L^3 = \log(ARML)^3 = 9.$$

于是

$$(ARML)^3 = 10^9, A \cdot R \cdot M \cdot L = 10^3 = 1\,000.$$

3. 如果 $2^x - 2^y = 1, 4^x - 4^y = \frac{5}{3}$,求 $x - y$.

解 我们将 $4^x - 4^y = \frac{5}{3}$ 改写为 $2^{2x} - 2^{2y} = \frac{5}{3}$. 由平方差公式,得到 $(2^x + 2^y)(2^x - 2^y) = \frac{5}{3}$,所以 $2^x + 2^y = \frac{5}{3}$. 则 $2^x = \frac{4}{3}, 2^y = \frac{1}{3}, 2^{x-y} = \frac{4}{3} \div \frac{1}{3} = 4 = 2^2$,于是 $x - y = 2$.

4. 如果 $x^{\log_3 2} = 81$,求 $x^{(\log_3 2)^2}$.

解 我们有 $x^{(\log_3 2)^2} = (x^{\log_3 2})^{\log_3 2} = 81^{\log_3 2}$.

设 $y = 81^{\log_3 2}$,那么

$$\log_3 y = \log_3 81^{\log_3 2} = (\log_3 2)(\log_3 81) = 4\log_3 2 = \log_3 2^4,$$

所以 $y = 2^4 = 16$.

5. 求一切正整数 $n(n>1)$, 使 $\log_n(n+4)$ 是有理数.

解 假定对于某正整数 a,b, 有 $\log_n(n+4) = \dfrac{a}{b}$, 那么

$$n+4 = n^{\frac{a}{b}} \Rightarrow (n+4)^b = n^a.$$

考虑整除 n 的任何质数 p, 我们知道

$$4^b \equiv (n+4)^b \equiv 0 \pmod{p},$$

所以 $p=2$. 这表明 n 和 $n+4$ 都是 2 的幂; n 的这样的值只有 $n=4$. 事实上, 我们可以验证 $\log_4 8 = \dfrac{3}{2} \in \mathbf{Q}$.

6. 设 a,b 是正整数, 且

$$2 + \log_2 a = 3 + \log_3 b = \log_6(a+b).$$

求: $\dfrac{1}{a} + \dfrac{1}{b}$.

解 已知条件可改写为

$$\log_2 4a = \log_3 27b = \log_6(a+b).$$

由换底公式, 上式等价于

$$\frac{\log 4a}{\log 2} = \frac{\log 27b}{\log 3} = \frac{\log(a+b)}{\log 6}.$$

于是

$$\frac{\log(a+b)}{\log 6} = \frac{\log 4a + \log 27b}{\log 2 + \log 3} = \frac{\log 108ab}{\log 6},$$

所以

$$a+b = 108ab \Rightarrow \frac{1}{a} + \frac{1}{b} = 108.$$

7. 求一切有序正整数四数组 (a,b,c,d), 使

$$\log_a b = \frac{3}{2}, \log_c d = \frac{5}{4}, a - c = 9.$$

解 将前两个方程改写为 $b = a^{\frac{3}{2}}$ 和 $d = c^{\frac{5}{4}}$. 注意到 a 和 c 必须是完全平方数, 所以对某个 x,y, 设 $a = x^2, c = y^2$, 那么

$$(x-y)(x+y) = x^2 - y^2 = 9,$$

或者 $x-y=1, x+y=9$ 或者 $x-y=3, x+y=3$. 只有第一种情况有 y 为正的解, 即 $x=5, y=4$.

这些值表明 $a=25, c=16$, 所以 $b=125, d=32$. 于是满足给定方程的有序正整数四数组 $(25,125,16,32)$.

8. 求一切实数 x,y，使 $64^{2x}+64^{2y}=12$ 和 $64^{x+y}=4\sqrt{2}$.

解 设 $a=64^x$ 和 $b=64^y$，那么这两个方程可写成 $a^2+b^2=12$ 和 $ab=4\sqrt{2}$. 于是，
$$(a+b)^2=a^2+b^2+2ab=12+8\sqrt{2}.$$

因为 a,b 是正数，所以 $a+b=2\sqrt{3+2\sqrt{2}}$. 利用 $b=\dfrac{4\sqrt{2}}{a}$，我们得到
$$a+\frac{4\sqrt{2}}{a}=2\sqrt{3+2\sqrt{2}} \Leftrightarrow a^2-2a\sqrt{3+2\sqrt{2}}+4\sqrt{2}=0.$$

于是
$$a=\frac{2\sqrt{3+2\sqrt{2}}\pm 2\sqrt{3-2\sqrt{2}}}{2}.$$

但是，我们注意到 $\sqrt{3+2\sqrt{2}}+\sqrt{3-2\sqrt{2}}=2\sqrt{2}$，$\sqrt{3+2\sqrt{2}}-\sqrt{3-2\sqrt{2}}=2$（可以通过两边平方后消去根号进行检验）. 所以 $a=2\sqrt{2},b=2$ 或 $a=2,b=2\sqrt{2}$.

当 $a=2\sqrt{2},b=2$ 时，$2\sqrt{2}=64^x$ 和 $2=64^y$，得到 $x=\dfrac{1}{4},y=\dfrac{1}{6}$. 同理当 $a=2,b=2\sqrt{2}$ 时，得到 $x=\dfrac{1}{6},y=\dfrac{1}{4}$. 于是原方程组只有解 $(x,y)=\left(\dfrac{1}{4},\dfrac{1}{6}\right)$ 和 $\left(\dfrac{1}{6},\dfrac{1}{4}\right)$.

9. 如果 a,b,c,d 是不等于 1 的正实数，证明：
$$\log_a d\log_b d+\log_b d\log_c d+\log_c d\log_a d=\frac{\log_a d\log_b d\log_c d}{\log_{abc} d}.$$

证明 对左边的每一项用换底公式，得到
$$\frac{\log d}{\log a}\cdot\frac{\log d}{\log b}+\frac{\log d}{\log b}\cdot\frac{\log d}{\log c}+\frac{\log d}{\log c}\cdot\frac{\log d}{\log a},$$

可写成
$$(\log a+\log b+\log c)\frac{(\log d)^2}{\log a\log b\log c}=\frac{(\log abc)(\log d)^2}{\log a\log b\log c}$$
$$=\frac{(\log abc)(\log d)^3}{\log a\log b\log c\log d}.$$

现在，再利用换底公式，给出
$$\frac{(\log abc)(\log d)^3}{\log a\log b\log c\log d}=\frac{\log d}{\log a}\cdot\frac{\log d}{\log b}\cdot\frac{\log d}{\log c}\cdot\frac{\log abc}{\log d}$$
$$=\log_a d\cdot\log_b d\cdot\log_c d\cdot\log_d abc,$$

利用 $\log_d abc=\dfrac{1}{\log_{abc} d}$，上式恰好等于右边.

10. (2010 AIME) 假定 $y=\dfrac{3}{4}x, x^y=y^x$. 求 x 和 y.

解 已知条件意味着

$$\left(\frac{3}{4}x\right)^x = x^{\frac{3}{4}x},$$

因此，$\pm\frac{3}{4}x = x^{\frac{3}{4}}$，或 $\pm\frac{3}{4} = x^{-\frac{1}{4}}$．于是 $x = (\pm\frac{4}{3})^4 = \frac{256}{81}$，$y = \frac{64}{27}$．

11. 如果 $a > 1$，证明：不存在实系数多项式 $P(x), Q(x)$，对于一切 $x > 0$，有
$$\log_a x = \frac{P(x)}{Q(x)}.$$

证明 为了推出矛盾，假定存在这样的多项式，譬如说，
$$P(x) = a_n x^n + a_{n-1} x^{n-1} + \cdots + a_0,$$

和
$$Q(x) = b_m x^m + b_{m-1} x^{m-1} + \cdots + b_0.$$

那么
$$\frac{kP(x)}{Q(x)} = k\log_a x = \log_a x^k = \frac{P(x^k)}{Q(x^k)}.$$

于是，对一切正整数 k，有
$$kP(x)Q(x^k) = P(x^k)Q(x).$$

但是，左边的多项式的首项系数是 $ka_n b_m$，右边的多项式的首项系数是 $a_n b_m$．于是，取 $k > 1$ 就得到矛盾，因为这两个首项系数必须相等．

12. 设 x, y, z 是不等于 1 的正实数，且
$$y = 10^{\frac{1}{1-\log x}} \text{ 和 } z = 10^{\frac{1}{1-\log y}}.$$

证明：
$$x = 10^{\frac{1}{1-\log z}}.$$

证明 对两个方程都取对数，得到
$$\log y = \frac{1}{1-\log x} \text{ 和 } \log z = \frac{1}{1-\log y}.$$

将第一式代入第二式，给出
$$\log z = \frac{1}{1 - \frac{1}{1-\log x}} = \frac{\log x - 1}{\log x} = 1 - \frac{1}{\log x},$$

可写成
$$\log x = 1 - \frac{1}{\log z},$$

这就是结论．

13. 如果 $a > b > 1$ 是实数，且 $a - b \neq 1$，设 $A = \log_a(a-b)$，$B = \log_b(a-b)$．证明：$a^2 + b^2 = 3ab \Leftrightarrow A + B = 2AB$．

解 由换底公式

$$A=\frac{1}{\log_{a-b}a}, B=\frac{1}{\log_{a-b}b}.$$

于是

$$A+B=2AB \Leftrightarrow \frac{1}{\log_{a-b}a}+\frac{1}{\log_{a-b}b}=\frac{2}{\log_{a-b}a\log_{a-b}b}.$$

去分母后,等价于

$$\log_{a-b}a+\log_{a-b}b=2$$

只要 $\log_{a-b}a, \log_{a-b}b \neq 0$, 这由 $a,b \neq 1$ 推出. 现在可将方程改写为

$$\log_{a-b}ab=2 \Leftrightarrow (a-b)^2=ab \Leftrightarrow a^2+b^2=3ab,$$

这就是所求的.

14. (2016 AIME II) 求一切实数三数组 (x,y,z), 满足方程组

$$\begin{cases} \log_2(xyz-3+\log_5 x)=5 \\ \log_3(xyz-3+\log_5 y)=4 \\ \log_4(xyz-3+\log_5 z)=4 \end{cases}$$

解 我们可以将方程组改写为

$$\begin{cases} xyz-3+\log_5 x=2^5=32 \\ xyz-3+\log_5 y=3^4=81 \\ xyz-3+\log_5 z=4^4=256 \end{cases}.$$

将这三个方程相加,得到

$$3xyz-9+\log_5 xyz=369.$$

如果设 $k=xyz$, 那么该方程变为

$$3k+\log_5 k=378.$$

因为函数 $f(k)=3k+\log_5 k$ 递增, 所以该方程只有一个解. 观察得, 这个解是 $k=125$. 代回原方程, 得到

$$(x,y,z)=(5^{-90}, 5^{-41}, 5^{134}).$$

15. 求一切实数 x, 对一切 $a>1$, 有

$$\frac{\log_a(35-x^3)}{\log_a(5-x)}>3.$$

解 由换底公式, 上面的不等式等价于

$$\log_{5-x}(35-x^3)>3,$$

又等价于

$$35-x^3>(5-x)^3=125-75x+15x^2-x^3$$

或

$$0>15x^2-75x+90=15(x-2)(x-3).$$

如果 $x \leqslant 2$ 或 $x \geqslant 3$,那么 $x-2$ 和 $x-3$ 都分别为非正或非负,这与上式矛盾. 于是, $2 < x < 3$.

16. (2016 AMC 12A) 将 $y = \log_3 x, y = \log_x 3, y = \log_{\frac{1}{3}} x, y = \log_x \frac{1}{3}$ 的图像画在同一个坐标系中. 平面内 x—坐标为正的点有多少个点位于两个或更多个图像上?

解 设 $t = \log_3 x$,那么
$$\log_x 3 = \frac{1}{t}, \log_{\frac{1}{3}} x = -t, \log_x \frac{1}{3} = -\frac{1}{t}.$$

于是,我们反而可以将用 t 表示的上述函数中的每一个都画出,如图 1 所示.

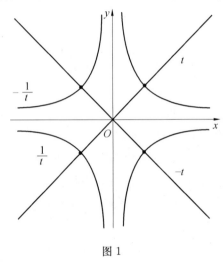

图 1

数一数上面的点,共有 5 个交点.

17. (2014 ARML) 对于 k 的某些值,存在满足以下方程组
$$\begin{cases} \log_x y^2 + \log_y x^5 = 2k-1 \\ \log_{x^2} y^5 - \log_{y^2} x^3 = k-3 \end{cases}$$
的正实数 x, y. 计算所有这样的 k 的值的和.

解 设 $\log_x y = a$,那么第一个方程等价于
$$2a + \frac{5}{a} = 2k-1,$$

第二个方程等价于
$$\frac{5}{2}a - \frac{3}{2a} = k-3.$$

解这个方程组,消去 k,得到二次方程
$$3a^2 + 5a - 8 = 0,$$

因此 $a = 1$ 或 $a = -\frac{8}{3}$. 将 a 的每一个值代入原方程,解出 k,得到 $(a, k) = (1, 4)$ 或

$\left(-\dfrac{8}{3}, -\dfrac{149}{48}\right)$. 将 k 的这两个值相加,得到 $\dfrac{43}{48}$.

18. (AIME) 已知方程
$$2^{333x-2} + 2^{111x+2} = 2^{222x+1} + 1$$
有三个实数根,求这三个实数根的和.

解 设 $y = 2^{111x}$. 原方程等价于
$$\dfrac{1}{4}y^3 + 4y = 2y^2 + 1,$$
可化简为
$$y^3 - 8y^2 + 16y - 4 = 0.$$
因为给定的方程的根为实根,所以最后的方程的这三个根都是正根. 设原方程的根为 x_1, x_2, x_3,关于 y 的方程的三个根为 y_1, y_2, y_3,那么
$$x_1 + x_2 + x_3 = \dfrac{1}{111}(\log_2 y_1 + \log_2 y_2 + \log_2 y_3)$$
$$= \dfrac{1}{111}\log_2(y_1 y_2 y_3) = \dfrac{1}{111}\log_2 4$$
$$= \dfrac{2}{111}.$$

注 画出图像后可以检验 $y^3 - 8y^2 + 16y - 4 = 0$ 有三个正数根.

19. (IMO LL 1967) 确定方程 $x^{-x} = \sqrt{2}$ 的一切正根.

解 因为两边都是正数,所以可以两边取对数
$$-x\log x = \dfrac{1}{2}\log 2.$$
对某个实数 y,设 $x = \left(\dfrac{1}{2}\right)^y$,那么上面的方程等价于
$$\left(\dfrac{1}{2}\right)^y y \log\dfrac{1}{2} = \dfrac{1}{2}\log\dfrac{1}{2}.$$
于是
$$\left(\dfrac{1}{2}\right)^y = \dfrac{1}{2y} \Leftrightarrow 2y = 2^y.$$
注意到函数 $f(y) = 2y$ 和 $g(y) = 2^y$ 至多可相交于两点,即 $y = 1$ 和 $y = 2$. 于是给出解 $x = \dfrac{1}{2}$ 和 $x = \dfrac{1}{4}$.

20. (2008 AMC 12A) 数 $\log(a^3 b^7), \log(a^5 b^{12})$ 和 $\log(a^8 b^{15})$ 是等差数列的前三项,第 12 项是 $\log(b^n)$. n 是什么?

解 该数列的前三项可写成 $3\log a + 7\log b, 5\log a + 12\log b$ 和 $8\log a + 15\log b$. 连续两项的差可写成

$$(5\log a + 12\log b) - (3\log a + 7\log b) = 2\log a + 5\log b,$$

或

$$(8\log a + 15\log b) - (5\log a + 12\log b) = 3\log a + 3\log b.$$

于是, $\log a = 2\log b$, 所以该数列的首项是 $13\log b$, 连续两项的差是 $9\log b$. 因此, 第 12 项是 $[13 + (12-1) \cdot 9]\log b = 112\log b = \log(b^{112})$, 所以 $n = 112$.

21. 设 a, b 是不等于 1 的正实数. 求一切有序实数对 (x, y), 使 $xy = 1, a^x b^y = ab$.

解 对第二个方程的两边取对数, 得到

$$x\log a + y\log b = \log a + \log b.$$

将 $y = \dfrac{1}{x}$ 代入, 整理后, 得

$$(x-1)\log a = \dfrac{x-1}{x}\log b.$$

如果 $x = 1$, 那么 $y = 1$, 满足原方程. 现在假定 $x \neq 1$. 两边除以 $x - 1$, 该方程变为

$$\log a = \dfrac{\log b}{x} \Rightarrow x = \log_a b.$$

于是, $y = \log_b a$, 这又满足原方程.

结论是只有解 $(1, 1)$ 和 $(\log_a b, \log_b a)$.

22. 设 m, n 是大于 1 的正整数. 证明:

$$(\log_n m!)^2 + (\log_m n!)^2 \geqslant \dfrac{nm}{2}.$$

证明 注意到 $(n!)^2 = \prod_{i=1}^{n} i(n+1-i) \geqslant n^n$, 所以上面的不等式的左边至少是

$$\left(\dfrac{m}{2}\log_n m\right)^2 + \left(\dfrac{n}{2}\log_m n\right)^2.$$

由 AM-GM 不等式, 上式至少是 $\dfrac{nm}{2}\sqrt{\log_m n \log_n m} = \dfrac{nm}{2}$, 这就是所求的. 要使等号成立, 我们需要 $(n!)^2 = n^n$ 和 $(m!)^2 = m^m$, 所以 n 和 m 必须都是 2.

23. 求一切正实数 a, 对于任何实数 x, 有

$$2^x + 3^x + a^x \geqslant 4^x + 5^x + 6^x.$$

解 定义函数 $f(x) = 2^x + 3^x + a^x - 4^x - 5^x - 6^x$. 注意到 $f(0) = 0$, 所以对于一切实数 x, 我们所求的不等式等价于 $f(x) \geqslant f(0)$. 于是 $f'(0) = 0$, 或者

$$2^0 \ln 2 + 3^0 \ln 3 + a^0 \ln a - 4^0 \ln 4 - 5^0 \ln 5 - 6^0 \ln 6 = 0.$$

左边等于 $\ln \dfrac{6a}{120}$, 所以 $a = 20$ 是唯一解.

24. 设 a, b, c 是正实数, 且 $abc = 1$. 证明:

$$a^{b+c} b^{c+a} c^{a+b} \leqslant 1.$$

证明 注意到 $a^a \geqslant a, b^b \geqslant b, c^c \geqslant c$；因为如果 $a \geqslant 1$，那么 $a^{a-1} \geqslant a^0 = 1$（因为 a^x 递增），如果 $a \leqslant 1$，那么 $a^{a-1} \geqslant a^0 = 1$（因为 a^x 递减）. 于是

$$a^{b+c}b^{c+a}c^{a+b} = (abc)^{a+b+c} \frac{1}{a^a b^b c^c} = \frac{1}{a^a b^b c^c} \leqslant 1.$$

当且仅当 $a = b = c = 1$ 时，等号成立.

25. 已知实数 $a > 1$，求一切正实数 x，使

$$2\log_x a + \log_{ax} a + 3\log_{a^2 x} a > 0.$$

解 由换底公式，上述不等式可改写为

$$2\frac{\log_a a}{\log_a x} + \frac{\log_a a}{\log_a ax} + 3\frac{\log_a a}{\log_a a^2 x} > 0.$$

设 $\log_a x = y$，那么上述不等式等价于

$$\frac{2}{y} + \frac{1}{1+y} + \frac{3}{2+y} > 0.$$

通分后，得到等价的不等式

$$\frac{(2y+1)(3y+4)}{(y+2)(y+1)y} > 0.$$

如果 $y > 0$，那么上面各项都为正，所以分式为正. 如果 $-1 < y < 0$，那么只有 y 和 $2y+1$ 这两项为负，所以 $-1 < y < -\frac{1}{2}$. 如果 $-2 < y < -1$，那么除了 $3y+4$ 以外，所有各项都为负，所以我们需要 $y < -\frac{4}{3}$. 最后，如果 $y < -2$，那么所有各项都为负，因为共有奇数项，所以整个分式为负.

总之，y 必须属于 $\left(-2, -\frac{4}{3}\right) \cup \left(-1, -\frac{1}{2}\right) \cup [0, \infty)$.

因为 $x = a^y$，所以 y 的这些值对应于 x 的值为：$\left(\frac{1}{a^2}, \frac{1}{a^{\frac{4}{3}}}\right) \cup \left(\frac{1}{a}, \frac{1}{\sqrt{a}}\right) \cup [1, \infty)$.

26. (2009 AMC 12A)2 的塔形函数递推地定义为：$T(1) = 2$，当 $n \geqslant 1$ 时，$T(n+1) = 2^{T(n)}$. 设

$$A = (T(2\,009))^{T(2\,009)} \text{ 和 } B = (T(2\,009))^A.$$

由

$$\underbrace{\log_2 \log_2 \log_2 \cdots \log_2}_{k \text{ 个}} B$$

定义的最大整数 k 是什么？

解 定义 k 次迭代的对数如下：$\log_2^1 x = \log_2 x$，当 $k \geqslant 1$ 时，$\log_2^{k+1} x = \log_2(\log_2^k x)$. 因为当 $n \geqslant 1$ 时，$\log_2 T(n+1) = T(n)$，所以推出

$$\log_2 A = T(2\,009)\log_2 T(2\,009) = T(2\,009)T(2\,008)$$

以及
$$\log_2 B = A\log_2 T(2\,009) = A \cdot T(2\,008).$$
那么
$$\log_2^2 B = \log_2 A + \log_2 T(2\,008) = T(2\,009)T(2\,008) + T(2\,007).$$
现在
$$\log_2^3 B > \log_2(T(2\,009)T(2\,008)) > \log_2 T(2\,009) = T(2\,008),$$
对于 $k \geqslant 1$ 的递推为
$$\log_2^{k+3} B > T(2\,008 - k).$$
特别地,$\log_2^{2\,010} B > T(1) = 2$,那么 $\log_2^{2\,012} B > 0$. 于是 $\log_2^{2\,013} B$ 确定.

另外,因为
$$T(2\,007) < T(2\,008)T(2\,009) \text{ 以及 } 1 + T(2\,007) < T(2\,008).$$
推出
$$\log_2^3 B < \log_2(2T(2\,008)T(2\,009)) = 1 + T(2\,007) + T(2\,008) < 2T(2\,008),$$
以及
$$\log_2^4 B < \log_2(2T(2\,008)) = 1 + T(2\,007) < T(2\,008).$$
对 $k \geqslant 1$ 递推利用 $\log_2$,得到
$$\log_2^{4+k} B < T(2\,008 - k).$$
特别地,$\log_2^{2\,011} B < T(1) = 2$,那么 $\log_2^{2\,013} B < 0$.

于是 $\log_2^{2\,014} B$ 不确定.

27. 设 a, b 是小于 1 的正实数. 证明:
$$ab \leqslant a^{\sqrt{\log_a b}} b^{\sqrt{\log_b a}}.$$

证明 因为两边皆正,所以取对数,得到
$$\ln a + \ln b \leqslant \sqrt{\log_a b} \ln a + \sqrt{\log_b a} \ln b.$$

设 $x = \ln a, y = \ln b$,注意到 x 和 y 皆负. 上面的不等式的右边等于 $\sqrt{\dfrac{y}{x}} x + \sqrt{\dfrac{x}{y}} y = -2\sqrt{xy}$,而左边等于 $x + y$. 设 $x' = -x, y' = -y$,对 $x' + y'$ 用 AM-GM 不等式推得结论. 当且仅当 $a = b$ 时,等号成立.

28. 解 x:$\log(2x) = \dfrac{1}{4}\log[(x-15)^4]$.

解 似乎我们可以将右边写成 $4 \cdot \dfrac{1}{4}\log(x-15)$,得到方程 $\log(2x) = \log(x-15)$,这将表明 $2x = x - 15 \Rightarrow x = -15$. 但是当 $x = -15$ 时,左边没有定义. 关键是观察到只有当 $b > 0$ 时,有 $\log_a b^k = k\log_a b$. 只要 $x \neq 15$,就有 $(x-15)^2 > 0$,右边等于 $2 \cdot \dfrac{1}{4}\log(x-$

$15)^2$. 但是 $(x-15)^2=(15-x)^2$, 所以我们也可以把右边写成 $\log(15-x)$, 并确定这样是否能确定 x 的有效的值. 事实上, 由方程 $2x=15-x$ 表明 $x=5$, 原方程的左右两边都有定义, 且彼此相等. 因此 $x=5$ 是唯一解.

换一种解法, 将原方程写成
$$4\log(2x)=\log(2x)^4=\log(x-15)^4.$$

设 $a=2x, b=x-15$, 我们有 $a^4=b^4$, 于是或者 $a=\pm b$, 或者 $a^2+b^2=0$. 如果 $a^2+b^2=0$, 那么因为 a,b 都是实数, 所以 $a=b=0$, 这不可能. 如果 $a=b$, 那么 $x=-15$, 这也不可能. 最后, 如果 $2x=15-x$, 那么有唯一解 $x=5$.

29. (Jose Luis Dias-Barrero Kvant) 设 $a_1,a_2,\cdots,a_n$ 是实数, 且每一个都大于 1. 证明:
$$\sum_{k=1}^{n}[1+\log_{a_k}(a_{k+1})]^2 \geqslant 4n,$$
这里 $a_{n+1}=a_1$.

证明 对每一项用 AM−GM 不等式, 我们有
$$\sum_{k=1}^{n}[1+\log_{a_k}(a_{k+1})]^2 \geqslant \sum_{k=1}^{n}2\sqrt{(\log_{a_k}(a_{k+1}))^2}=4\sum_{k=1}^{n}\log_{a_k}(a_{k+1}).$$

对所有项一起用 AM−GM 不等式, 得到
$$4\sum_{k=1}^{n}\log_{a_k}(a_{k+1}) \geqslant 4n\Big[\prod_{k=1}^{n}\log_{a_k}(a_{k+1})\Big]^{\frac{1}{n}}=4n\Big(\prod_{k=1}^{n}\frac{\ln a_{k+1}}{\ln a_k}\Big)^{\frac{1}{n}}=4n.$$

为了使等号成立, 我们必须对一切 $k=1,2,\cdots,n$, 有 $\log_{a_k}(a_{k+1})=1$, 或 $a_k=a_{k+1}$, 所以 $a_1=a_2=\cdots=a_n$.

30. 设 x,y 是不等于 1 的正实数, 且
$$(\log_2 x)^2+9(\log_3 y)^2=6(\log_2 x)(\log_3 y).$$
求 $\log_y x$ 的值.

解 因为 x,y 不等于 1, 所以原方程等价于
$$\frac{\log_2 x}{\log_3 y}+9\frac{\log_3 y}{\log_2 x}=6.$$

设 $z=\dfrac{\log_2 x}{\log_3 y}$, 所以
$$z+\frac{9}{z}=6 \Leftrightarrow z^2-6z+9=0 \Leftrightarrow z=3.$$

于是 $3=\dfrac{\log_2 x}{\log_3 y}$, 由换底公式, 该式等价于
$$\frac{\dfrac{\log x}{\log 2}}{\dfrac{\log y}{\log 3}}=\log_y x \log_2 3,$$

所以 $\log_y x = \log_3 8$.

31. (2000 ARML) 如果 $b = 2\,000$, 计算下列无穷和
$$(\log_b 2)^0 (\log_b 5^{4^0}) + (\log_b 2)^1 (\log_b 5^{4^1}) + (\log_b 2)^2 (\log_b 5^{4^2}) + \cdots$$
的数值.

解 我们断言给出的和是和为 $\frac{1}{3}$ 的一个无穷几何级数. 我们将用对数和无穷级数的标准性质证明这一点. 该和可以化简为
$$(\log_b 2)^0 4^0 (\log_b 5) + (\log_b 2)^1 4^1 (\log_b 5) + (\log_b 2)^2 4^2 (\log_b 5) + \cdots$$
$$= (\log_b 5) \left[(4 \cdot \log_b 2)^0 + (4 \cdot \log_b 2)^1 + (4 \cdot \log_b 2)^2 + \cdots \right]$$
$$= \frac{\log_b 5}{1 - \log_b 2^4}.$$

注意到
$$1 - \log_b 2^4 = \log_b b - \log_b 2^4 = \log_b \frac{b}{16}.$$

利用换底公式, 上式的最后的商化简为
$$\log_{\frac{b}{16}} 5 = \log_{125} 5 = \frac{1}{3}.$$

注意到给出的级数是公比为 $\log_b 16$ 的收敛的几何级数. 这个级数收敛是因为 $b = 2\,000 > 16$, 这表明 $\log_b 16 < \log_{16} 16 = 1$.

32. (2004 ARML) 求使方程组:
$$\begin{cases} \sqrt{xy} = b^b \\ \log_b(x^{\log_b y}) + \log_b(y^{\log_b x}) = 4b^4 \end{cases}$$
有实数解 (x, y) 的 b 的一切值.

解 对第一个方程的每一边取以 b 为底的对数, 再利用对数的性质得到 $\frac{1}{2}(\log_b x + \log_b y) = b$. 设 $\log_b x = X, \log_b y = Y$, 第一个方程等价于 $X + Y = 2b$, 第二个方程等价于 $XY = 2b^4$. 将 $Y = 2b - X$ 代入后, 得到 $X^2 - 2bX + 2b^4 = 0$. 为了使 X 是实数, 我们必须有 $(-2b)^2 - 4(1)(2b^4) \geqslant 0 \Rightarrow b^2 \geqslant 2b^4$. 因为 $b \neq 0$, 我们除以 $2b^2$, 得到 $\frac{1}{2} \geqslant b^2$. 因为 b 必须为正, 所以有 $0 < b \leqslant \frac{\sqrt{2}}{2}$.

33. 解方程
$$\frac{36^x}{54^x - 24^x} = \frac{6}{5}.$$

解 设 $2^x = a, 3^x = b$. 原方程变为

$$\frac{a^2b^2}{ab^3-a^3b}=\frac{6}{5},$$

上式等价于

$$6\left(\frac{b}{a}-\frac{a}{b}\right)=5.$$

将 $y=\frac{b}{a}=\left(\frac{3}{2}\right)^x$ 代入后，得到 $6y-\frac{6}{y}=5$，即 $6y^2-5y-6=0$. 该二次方程的解是 $y_1=\frac{3}{2}, y_2=-\frac{2}{3}$. 因为 $y=\left(\frac{3}{2}\right)^x$，由 y_1 得到解 $x=1$. 由 y_2 推得无解.

34. 求一切正实数 x,y,z，使

$$xyz=1,$$
$$9^x+9^y+9^z=\frac{81}{x+y+z}.$$

解 由 AM−GM 不等式，

$$x+y+z\geqslant 3\sqrt[3]{xyz}=3\Rightarrow \frac{81}{x+y+z}\leqslant 27.$$

再利用 AM−GM 不等式，我们看到

$$\frac{9^x+9^y+9^z}{3}\geqslant 9^{\frac{x+y+z}{3}}\geqslant 9^{\sqrt[3]{xyz}}=9.$$

于是 $9^x+9^y+9^z\geqslant 27$，所以当且仅当唯一解 $x=y=z=1$ 时，上述不等式的等号成立.

35. 求一切实数 $x>1$，满足方程

$$(\log_2 x)^4+(\log_2 x)^2\log_{2x}\left(\frac{2}{x}\right)=1.$$

解 设 $y=\log_2 x>0$，那么由换底公式

$$\log_{2x}\left(\frac{2}{x}\right)=\frac{\log_2 2-\log_2 x}{\log_2 2+\log_2 x}=\frac{1-y}{1+y}.$$

于是，因为 $y\neq -1$，所以原方程等价于

$$y^4+y^2\frac{1-y}{1+y}=1\Leftrightarrow y^5+y^4-y^3+y^2-y-1=0$$

该方程有一个根 $y=1$，所以等价于

$$(y-1)(y^4+2y^3+y^2+2y+1)=0.$$

因为当 $y>0$ 时，第二个因子严格为正，所以原方程只有一个解，即 $x=2$.

36. 求一切实数 x,y,z，对于某正实数 a，有

$$\begin{cases} x+3y+5z=9 \\ a^x+3a^y+5a^z=9a \end{cases}$$

解 注意到由 AM−GM 不等式

$$a = \sqrt[9]{a^{x+3y+5z}} = \sqrt[9]{a^x \cdot a^y \cdot a^y \cdot a^y \cdot a^z \cdot a^z \cdot a^z \cdot a^z \cdot a^z} \leqslant \frac{a^x + 3a^y + 5a^z}{9}.$$

于是,AM－GM 不等式中的等号必须成立,所以

$$a^x = a^y = a^z \Rightarrow x = y = z = 1.$$

37. 证明:对一切 $x \geqslant 0$,有

$$3^{x^5} + 9^{x^4} + 3^{32} \geqslant 3^{4x^3+1}.$$

证明 由 AM－GM 不等式,左边至少是

$$3\sqrt[3]{3^{x^5 + 2x^4 + 32}}.$$

再由 AM－GM 不等式,上式至少是

$$3 \cdot 3^{\sqrt[3]{64x^9}} = 3^{4x^3+1}.$$

当且仅当 $x^5 = 2x^4 = 32$,或 $x = 2$ 时,等号成立.

38. 证明:

$$\log_2 3 + \log_3 4 + \log_4 5 > 4.$$

证明 首先,注意到 $3 \cdot 2^{10} = 3\,072 < 3\,125 = 5^5$. 我们可以在两边取以 2 为底的对数,得到

$$\log_2 5^5 = 5\log_2 5 > \log_2(3 \cdot 2^{10}) = 10 + \log_2 3.$$

设 $x = \log_2 3$,那么由换底公式,我们有

$$\log_3 4 = \frac{\log_2 4}{\log_2 3} = \frac{2}{x}.$$

此外,我们有

$$\log_4 5 = \frac{\log_2 5}{\log_2 4} = \frac{\log_2 5}{2}.$$

将我们要证明的不等式的两边除以 10,有

$$\frac{\log_2 5}{2} > 1 + \frac{x}{10}.$$

将这两式结合,我们有

$$\log_4 5 = \frac{\log_2 5}{2} > 1 + \frac{x}{10}.$$

于是,只要证明

$$x + \frac{2}{x} + 1 + \frac{x}{10} > 4.$$

该式等价于 $11x^2 - 30x + 20 > 0$. 相应的方程的根是 $\frac{15 - \sqrt{5}}{11}$ 和 $\frac{15 + \sqrt{5}}{11}$. 只要证明

$$\log_2 3 > \frac{15 + \sqrt{5}}{11}.$$

我们有 $\frac{15+\sqrt{5}}{11} < \frac{11}{7}$，因为它可改写为 $\sqrt{5} < \frac{16}{7}$，它等价于 $5 \cdot 7^2 = 245 < 256 = 16^2$. 此外，$\frac{11}{7} < \log_2 3$，因为 $3^7 = 2\,187 > 2^{11} = 2\,048$. 将前两个不等式结合，就证明了所需的结果.

39. （Polish MO）是否存在大于 1 的正整数，至少能以 2 016 种方法写成 n^{n^k} 的形式，这里 n, k 是正整数.

解 答案是肯定的. 我们用以下方式构造数列 $(n_i, k_i)_{i \geq 1}^{2\,016}$: 设 $n_1 = 2$, 对一切 $i = 2, 3, \cdots, 2\,016$, 有 $n_i = n_{i-1}^{n_{i-1}}$. 然后定义 $k_{2\,016} = 1$, 且对一切 $i = 1, 2, \cdots, 2\,015$, $k_i = 1 + n_i k_{i+1}$. 于是，对于任何 $i \leqslant 2\,015$, 我们有

$$n_{i+1}^{n_{i+1}^{k_{i+1}}} = (n_i^{n_i})^{(n_i^{n_i})^{k_{i+1}}} = n_i^{n_i^{1+n_i k_{i+1}}} = n_i^{n_i^{k_i}}.$$

继续用这种方法，就得到 2 016 个解.

40. 设 a, b, c 是大于 1 的正实数. 求

$$\log_a bc + \log_b ca + \log_c ab$$

的最小可能值.

解 因为我们要使和最小，所以想到用 AM-GM 不等式. 设法创建有最佳乘积的项，我们将对数分开: $\log_a bc = \log_a b + \log_a c$, 对另两个加数有类似的式子. 将形如 $\log_a b$ 和 $\log_b a$ 的项配对，原表达式变为

$$(\log_a b + \log_b a) + (\log_b c + \log_c b) + (\log_c a + \log_a c).$$

因为 $a, b, c > 1$, 所以每一项都为正，于是可以使用 AM-GM 不等式. 由 AM-GM 不等式，以及 $\log_a b \log_b a = 1$ 这一显而易见的事实，我们有 $\log_a b + \log_b a \geqslant 2$. 将这一关系与另两个变量的两个类似的不等式相加，我们就得到最小值是 6. 当且仅当 $a = b = c$ 时，取到等号.

41. 设 a, b 是非负实数，且 $a + b = 1$. 求 $3^a + 27^b$ 的最小可能值.

解 这里我们希望利用 AM-GM 不等式得到指数中的 a 和 b 的和. 但是，如果我们直接用 AM-GM 不等式就得到指数中有 $a + 3b$ 的项. 我们并不这样做，注意到

$$3^a + 27^b = 3^{a-1} + 3^{a-1} + 3^{a-1} + 27^b.$$

现在，用 AM-GM 不等式

$$3^{a-1} + 3^{a-1} + 3^{a-1} + 27^b \geqslant 4\sqrt[4]{3^{3a+3b-3}} = 4.$$

当且仅当 $a - 1 = 3b$, 或 $a = 1$ 和 $b = 0$ 时，等号成立.

42. 证明: $\log_4 5 \cdot \log_6 7 \cdots \log_{80} 81 < 2.$

证明 由例 1.19, 我们知道，对任何正整数 $n > 1$, 有 $\log_n (n+1) > \log_{n+1} (n+2)$. 现在，设本题中的表达式为 E. 那么由上述不等式，得到

$$E^2 = \Big(\prod_{k=2}^{40} \log_{2k}(2k+1)\Big)^2 < \prod_{k=2}^{40} \log_{2k-1}(2k)\log_{2k}(2k+1).$$

我们可以利用恒等式 $\log_a b \log_b c = \log_a c$ 将右边改写为

$$\prod_{k=2}^{40} \log_{2k-1}(2k+1) = \log_3 5 \cdot \log_5 7 \cdots \log_{79} 81 = \log_3 81 = 4.$$

因为 $E^2 < 4$,所以 $E < 2$.

43. 设 x,y 是正实数,且 $x+y=1$. 证明:
$$\ln(1+x)\ln(1+y) \leqslant \ln\Big(\frac{3}{2}\Big)^2.$$

证明 由 AM – GM 不等式,

$$\ln(1+x)\ln(1+y) \leqslant \Big[\frac{\ln(1+x)+\ln(1+y)}{2}\Big]^2 = \frac{1}{4}[\ln(1+x+y+xy)]^2.$$

再利用 AM – GM 不等式,我们知道 $xy \leqslant (\frac{x+y}{2})^2 = \frac{1}{4}$,所以

$$\frac{1}{4}[\ln(1+x+y+xy)]^2 = \frac{1}{4}[\ln(2+xy)]^2 \leqslant \frac{1}{4}(\ln\frac{9}{4})^2 = \ln\Big(\frac{3}{2}\Big)^2.$$

当且仅当 $x=y=\frac{1}{2}$ 时,等号成立.

44. 求
$$\sum_{n\mid 6^5} \lfloor \log_3 n \rfloor,$$
这里的和式取遍整除 6^5 的一切正整数 n.

解 观察到 6^5 的一切约数都形如 $2^a 3^b$,这里 a 和 b 是不大于 5 的非负整数. 于是,和式等于

$$\sum_{n\mid 6^5} \lfloor \log_3 2^a + \log_3 3^b \rfloor = \sum_{n\mid 6^5} (\lfloor \log_3 2^a \rfloor + b),$$

这里因为 $\log_3 3^b$ 总是整数. 因为 a 从 0 到 5 中的每一个值取一次,b 的每一个值就出现 6 次. 所以和的这一部分就是 $6 \cdot (0+1+2+3+4+5) = 90$. 另外,$\lfloor \log_3 2^a \rfloor$ 的值是 $0,0,1,1,2,3$,同理其中每一个都出现 6 次. 所以,和的这一部分就是 $6 \cdot (0+0+1+1+2+3) = 42$. 总和是 132.

45. (1974 USAMO) 如果 a,b,c 是正实数,证明:
$$(abc)^{\frac{a+b+c}{3}} \leqslant a^a b^b c^c.$$

证明 因为 $\log x$ 递增,两边取对数后,得到等价的不等式

$$\frac{a+b+c}{3}(\log a + \log b + \log c) \leqslant a\log a + b\log b + c\log c.$$

两边乘以 3,再移项,得到

$$0 \leqslant 2a\log a + 2b\log b + 2c\log c - b\log a - c\log a - c\log b$$

$$-a\log b - a\log c - b\log c.$$
$$\Leftrightarrow 0 \leqslant (a-b)(\log a - \log b) + (b-c)(\log b - \log c) +$$
$$(c-a)(\log c - \log a).$$

因为 $\log x$ 递增,所以上式可从 $x-y \geqslant 0 \Leftrightarrow \log x - \log y \geqslant 0$ 这一事实推出. 当且仅当 $a=b=c$ 时,等号成立.

46. 设 n 是正整数. 证明
$$2^{2^{n+1}} + 2^{2^n} + 1$$
是至少 $n+1$ 个大于 1 的不同的正整数的积.

证明 记得有恒等式 $a^4 + a^2 + 1 = (a^2 - a + 1)(a^2 + a + 1)$. 将这一恒等式使用 n 次,得到
$$2^{2^{n+1}} + 2^{2^n} + 1 = (2^{2^n} - 2^{2^{n-1}} + 1)(2^{2^{n-1}} - 2^{2^{n-2}} + 1) \cdots \cdot$$
$$(2^{2^1} - 2^{2^0} + 1)(2^{2^1} + 2^{2^0} + 1),$$

所以原式是至少 $n+1$ 个大于 1 的不同的正整数的积.

47. (2012 AMC 12A) 设 $\{a_k\}_{k=1}^{2011}$ 是实数数列,定义为
$$a_1 = 0.201, \quad a_2 = (0.2011)^{a_1}, \quad a_3 = (0.20101)^{a_2}, \quad a_4 = (0.201011)^{a_3}.$$
一般地,有
$$a_k = \begin{cases} (0.\underbrace{20101\cdots0101}_{k+2\text{个数字}})^{a_{k-1}}, & k \text{ 是奇数} \\ (0.\underbrace{20101\cdots01011}_{k+2\text{个数字}})^{a_{k-1}}, & k \text{ 是偶数} \end{cases}.$$

将数列 $\{a_k\}_{k=1}^{2011}$ 中的数重新排列成递减数列,得到一个新的数列 $\{b_k\}_{k=1}^{2011}$. 当 $1 \leqslant k \leqslant 2011$ 时,使 $a_k = b_k$ 的一切整数 k 的和是什么?

解 因为当 $0 < a < 1$ 时, $y = a^x$ 递减,当 $b > 0$ 时, $y = x^b$ 在区间 $[0, +\infty)$ 上递增,推出
$$1 > a_2 = (0.2011)^{a_1} > (0.201)^{a_1} > (0.201)^1 = a_1,$$
$$a_3 = (0.20101)^{a_2} < (0.2011)^{a_2} < (0.2010)^{a_1} = a_2,$$
以及
$$a_3 = (0.20101)^{a_2} > (0.201)^{a_2} > (0.201)^1 = a_1.$$

于是 $1 > a_2 > a_3 > a_1 > 0$. 一般地,可以用归纳法证明
$$1 > b_1 = a_2 > b_2 = a_4 > \cdots > b_{1005} = a_{2010}$$
$$> b_{1006} = a_{2011} > b_{1007} = a_{2009} > \cdots > b_{2011} = a_1 > 0.$$

因此,当且仅当 $2(k-1006) = 2011 - k$ 时, $a_k = b_k$,所以 $k = 1341$.

48. (AIME) 已知方程组

$$\begin{cases} \log_{225} x + \log_{64} y = 4 \\ \log_x 225 - \log_y 64 = 1 \end{cases}$$

的解是 (x_1, y_1) 和 (x_2, y_2). 求 $\log_{30}(x_1 y_1 x_2 y_2)$.

解 设 $p = \log_{225} x = \dfrac{1}{\log_x 225}$, $q = \log_{64} y = \dfrac{1}{\log_y 64}$, 则原方程变形为

$$p + q = 4 \text{ 和 } \frac{1}{p} - \frac{1}{q} = 1,$$

其解为

$$(p_1, q_1) = (3 + \sqrt{5}, 1 - \sqrt{5})$$

和

$$(p_2, q_2) = (3 - \sqrt{5}, 1 + \sqrt{5}).$$

于是

$$x_1 x_2 = 225^{p_1} \cdot 225^{p_2} = 225^{p_1 + p_2} = 225^6,$$
$$y_1 y_2 = 64^{q_1 + q_2} = 64^2.$$

以及

$$\log_{30}(x_1 y_1 x_2 y_2) = \log_{30}(225^6 \cdot 64^2) = \log_{30}(15^{12} \cdot 2^{12}) = \log_{30} 30^{12} = 12.$$

49. (Titu Andreescu, Mathematical Reflections) 是否存在正整数 n, 使 $4^{5^n} + 5^{4^n}$ 是质数?

解 答案是否定的, 因为 $4^{5^n} + 5^{4^n}$ 可表示为以下形式

$$a^4 + 4b^4 = (a^2 - 2ab + 2b^2)(a^2 + 2ab + 2b^2).$$

事实上, 因为

$$5^n - 1 = (5-1)(5^{n-1} + 5^{n-2} + \cdots + 5 + 1) = 4(5^{n-1} + 5^{n-2} + \cdots + 5 + 1),$$

所以推出

$$5^{4^n} + 4^{5^n} = (5^{4^{n-1}})^4 + 4 \cdot (4^{5^{n-1} + 5^{n-2} + \cdots + 5 + 1})^4 = a^4 + 4b^4,$$

其中 $a = 5^{4^{n-1}}$, $b = 4^{5^{n-1} + 5^{n-2} + \cdots + 5 + 1}$.

50. 对于每一个正整数 k, 设 $f(k) = 4^k + 6^k + 9^k$. 证明: 对于一切非负整数 $m \leqslant n$, $f(2^m)$ 整除 $f(2^n)$.

证明 我们对 n 用归纳法. 如果 $n = 0$, 或 $n = 1$, 结果成立. 假定对一切 $i \in \{0, 1, \cdots, n\}$, 有 $f(2^i) \mid f(2^n)$. 注意到

$$f(2^{n+1}) = 4^{2^{n+1}} + 6^{2^{n+1}} + 9^{2^{n+1}}$$
$$= (4^{2^n} + 9^{2^n} + 6^{2^n})(4^{2^n} + 9^{2^n} - 6^{2^n})$$
$$= f(2^n)(4^{2^n} + 9^{2^n} - 6^{2^n}).$$

于是由归纳假定, 对一切 $i \in \{0, 1, \cdots, n+1\}$, 有 $f(2^i) \mid f(2^{n+1})$.

51. 求一切有序三数组 (x, y, z), 使 x, y, z 都是质数, 且 $x^y + 1 = z$.

解 因为 $x \geqslant 2, z \geqslant 3$，所以 z 必是奇数. 因此, x 必是偶数, 即 $x=2$. 于是,
$$2^y + 1 = z.$$
假定 y 有某个奇数因子 $a > 1$; 设 $y = ab$, 那么
$$2^y + 1 = 2^{ab} + 1 = (2^b + 1)(2^{(a-1)b} - 2^{(a-2)b} + 2^{(a-3)b} - \cdots - 2^b + 1),$$
这不能是质数, 所以 y 必是 2 的幂. 但 2 的幂是质数的就是 2 本身. 设 $y = 2$, 得到 $z = 5$. 于是唯一解是 $(x, y, z) = (2, 2, 5)$.

52. (Titu Andreescu) 设 m 和 n 是正整数. 证明: 对于任何正实数 x, 有
$$\frac{x^{mn} - 1}{m} \geqslant \frac{x^n - 1}{x}.$$

证明 因为 x 和 m 都是正数, 所我们必须证明
$$x(x^{mn} - 1) - m(x^n - 1) \geqslant 0,$$
或
$$(x^n - 1)[(x^n)^{m-1} x + (x^n)^{m-2} x + \cdots + x - m] \geqslant 0.$$
定义
$$E(x) = (x^n)^{m-1} x + (x^n)^{m-2} x + \cdots + x - m$$
并注意到, 如果 $x \geqslant 1$, 那么 $x^n \geqslant 1, E(x) \geqslant 0$, 所以不等式成立. 在另一种情况下, 即当 $x < 1$ 时, 我们有 $x^n < 1, E(x) < 0$, 正如所断言的, 不等式也成立.

53. (Michel Bataille, Kvant) 求一切整数 n, 使
$$\frac{7n - 12}{2^n} + \frac{2n - 14}{3^n} + \frac{24n}{6^n} = 1.$$

解 当 $n \leqslant 0$ 时, 方程的左边为负, 所以我们可以假定 $n \geqslant 1$. 方程可写为
$$(7n - 12) 3^n + (2n - 14) 2^n + 24n = 6^n = 2^n \cdot 3^n.$$
因此
$$(2^n - 7n + 12)(3^n - 2n + 14) = 24n + (7n - 12)(2n - 14)$$
$$= 14(n - 4)(n - 3).$$
由归纳法, 当 $n \geqslant 5$ 时, $2^n > 9n - 20$. 因此, 当 $n \geqslant 5$ 时,
$$3^n > 2^n > 9n - 20 > 9n - 35.$$
当 $n \geqslant 5$ 时, 推出
$$2^n - 7n + 12 > 2(n - 4) > 0,$$
$$3^n - 2n + 14 > 7(n - 3) > 0,$$
于是,
$$(2^n - 7n + 12)(3^n - 2n + 14) > 14(n - 4)(n - 3).$$
用 $n = 1, 2, 3$ 和 4 检验, 得到 $n = 4$ 是唯一解.

54. (2013 AMC 12B) 设 $m > 1, n > 1$ 是整数. 假定关于 x 的方程

$$8\log_n x \log_m x - 7\log_n x - 6\log_m x - 2\,013 = 0$$

的解的积是最小可能的整数. m 和 n 是什么数?

解 用换底公式给出 $\log n \cdot \log_n x = \log x$ 和 $\log m \cdot \log_m x = \log x$. 等价的方程是

$$(\log x)^2 - \frac{1}{8}(7\log m + 6\log n)\log x - \frac{2\,013}{8}\log m \cdot \log n = 0.$$

作为关于 $\log x$ 的二次方程,两个解 $\log x_1$ 与 $\log x_2$ 的和等于一次项的系数的相反数. 推出

$$\log(x_1 x_2) = \log x_1 + \log x_2 = \frac{1}{8}(7\log m + 6\log n) = \log\left[(m^7 n^6)^{\frac{1}{8}}\right].$$

设 $N = x_1 x_2$ 是这两个解的积. 假定 p 是整除 m 的质数. 设 p^a 和 p^b 分别是整除 m 和 n 的 p 的最高次幂. 那么 p^{7a+6b} 是整除 $m^7 n^6 = N^8$ 的 p 的最高次幂. 由此推出 $7a + 6b \equiv 0 \pmod 8$. 如果 a 是奇数,因为 $7a$ 不能被 $\gcd(6,8) = 2$ 整除,所以此时 $7a + 6b \equiv 0 \pmod 8$ 无解. 如果 $a \equiv 0 \pmod 8$,那么因为 $a > 0$,推出 $N^8 = m^7 n^6 \geqslant (p^8)^7 = p^{56} \geqslant 2^{56}$,所以 $N \geqslant 2^7 = 128$. 如果 $a \equiv 2 \pmod 8$,那么 $14 + 6b \equiv 0 \pmod 8$ 等价于 $3b + 3 \equiv 3b + 7 \equiv 0 \pmod 4$. 于是 $b \equiv 3 \pmod 4$,此时 $N^8 = m^7 n^6 \geqslant (p^2)^7 (p^3)^6 = p^{32} \geqslant 2^{32}$,所以 $N \geqslant 2^4 = 16$,且当 $m = 2^2, n = 2^3$ 时,取到等号. 最后,如果 $a \geqslant 4$,且 a 不是 8 的倍数,那么 $b \geqslant 1$,于是 $N^8 = m^7 n^6 \geqslant (p^4)^7 (p^1)^6 = p^{34} \geqslant 2^{34}$,所以 $N \geqslant 2^{\frac{17}{4}} > 2^4 = 16$. 于是乘积的最小值是 $N = 16$,这由 $m = 2^2$ 和 $n = 2^3$ 唯一得到.

55. (1991 IMO LL) 求方程

$$3^x + 4^y = 5^z$$

的一切正整数解 x, y, z.

解 对方程 $3^x + 4^y = 5^z$ 取模 $3(x, y, z > 0)$,得到 $5^z \equiv 1 \pmod 3$,因此 z 是偶数,设 $z = 2z_1$,此时方程变为

$$3^x = 5^{2z_1} - 4^y = (5^{z_1} - 2^y)(5^{z_1} + 2^y).$$

$5^{z_1} - 2^y$ 和 $5^{z_1} + 2^y$ 中的每一个都是 3 的幂,且只可能是 $5^{z_1} + 2^y = 3^x$ 和 $5^{z_1} - 2^y = 1$. 再模 3,这两个方程归结为 $(-1)^{z_1} + (-1)^y \equiv 0$ 和 $(-1)^{z_1} - (-1)^y \equiv 1$,这表明 z_1 是奇数,y 是偶数. 特别有 $y \geqslant 2$. 将方程 $5^{z_1} + 2^y = 3^x$ 模 4,得到 $3^x \equiv 1 \pmod 4$,因此 x 是偶数. 现在如果 $y > 2$,模 8,则该方程得到 $5 \equiv 5^{z_1} \equiv 3^x \equiv 1 \pmod 8$,这是一个矛盾. 因此,$y = 2, z_1 = 1$. 原方程的唯一解是 $x = y = z = 2$.

56. 对于怎么样的正整数 $n \geqslant 2$,表达式

$$\frac{2^{\log 2} 3^{\log 3} \cdots n^{\log n}}{n!}$$

取最小值.

解 设该表达式为 A_n,那么

$$\frac{A_{n+1}}{A_n} = \frac{n!}{(n+1)!} \cdot \frac{2^{\log 2} 3^{\log 3} \cdots n^{\log n}(n+1)^{\log(n+1)}}{2^{\log 2} 3^{\log 3} \cdots n^{\log n}} = (n+1)^{\log(n+1)-1}.$$

当 $n \in \{2, 3, \cdots, 8\}$ 时,$\log(n+1) - 1 < 0 \Rightarrow \dfrac{A_{n+1}}{A_n} < 1$.

当 $n = 9$ 时,$\log(n+1) - 1 = 0 \Rightarrow \dfrac{A_{n+1}}{A_n} = 1$.

当 $n \geqslant 10$ 时,$\log(n+1) - 1 > 0 \Rightarrow \dfrac{A_{n+1}}{A_n} > 1$.

我们可以将上式写成不等式链:
$$A_2 > A_3 > \cdots > A_9 = A_{10} < A_{11} < A_{12} < \cdots,$$
所以当 $n = 9$ 和 $n = 10$ 时,原表达式有最小值.

57. 如果 a, b, c 是正实数,证明:
$$a^a b^b c^c \geqslant \left(\frac{a+b}{2}\right)^{\frac{a+b}{2}} \left(\frac{b+c}{2}\right)^{\frac{b+c}{2}} \left(\frac{c+a}{2}\right)^{\frac{c+a}{2}}.$$

证明 我们并不想证明
$$a^{\frac{a}{2}} b^{\frac{b}{2}} \geqslant \left(\frac{a+b}{2}\right)^{\frac{a+b}{2}}.$$

如果我们能这样做,那么只要将对于 a, c 和 b, c 的相应的不等式相乘,就证明了原不等式.

对这一新的不等式取对数,它等价于
$$\frac{a}{2} \ln a + \frac{b}{2} \ln b \geqslant \frac{a+b}{2} \ln\left(\frac{a+b}{2}\right).$$

现在考虑函数 $f(x) = x \ln x$. 该函数的导数 $f'(x) = 1 + \ln x$,当 $x > 0$ 时,二阶导数 $f''(x) = \dfrac{1}{x}$ 为正. 于是,由 Jensen 不等式推出上述结果.

10 提高题的解答

1. 设 a 和 b 是大于 1 的正实数,且 $a+b=10$. 解方程
$$(a^{\log x}+b)^{\log a}=x-b.$$

解 原方程可改写成
$$\frac{(a^{\log x}+b)^{\log a}}{x}+\frac{b}{x}=1.$$

设 $c=\log a$ 和 $y=x^{\frac{1}{c}}$. 那么上面的方程等价于
$$\left(\frac{a^{\log x}}{y}+\frac{b}{y}\right)^c+\frac{b}{y^c}=1.$$

注意到 $a^{\log x}=x^{\log a}=y^{c^2}$. 于是,上面的方程是
$$(y^{c^2-1}+\frac{b}{y})^c+\frac{b}{y^c}=1.$$

最后,因为 $1<a<10$,我们知道 $0<c<1$,所以 $c^2-1<0$. 于是,上面关于 y 的表达式递减,所以方程至多有一个解,即 $y=10^{\frac{1}{c}}$,于是 $x=10$ 是唯一的解.

2. 求一切有序正整数对 (x,n),使 x^n+2^n+1 整除 $x^{n+1}+2^{n+1}+1$.

解 如果 $n=1$,那么 $x+3$ 整除 $x^2+5=(x+3)(x-4)+14$,所以 $x+3$ 整除 14. x 的可能的值是 4 和 11.

假定 $n\geqslant 2$. 注意到
$$1+2^n+1<1+2^{n+1}+1<2(1+2^n+1),$$
$$2^n+2^n+1<2^{n+1}+2^{n+1}+1<2(2^n+2^n+1),$$
$$2(3^n+2^n+1)<3^{n+1}+2^{n+1}+1<3(3^n+2^n+1),$$

所以当 $1\leqslant x\leqslant 3$ 时,x^n+2^n+1 不整除 $x^{n+1}+2^{n+1}+1$. 当 $x\geqslant 4$ 时,$x^n=\frac{x^n}{2}+\frac{x^n}{2}\geqslant\frac{2^{2n}}{2}+\frac{x^2}{2}$,所以
$$(2^n+1)x\leqslant\frac{(2^n+1)^2+x^2}{2}=\frac{2^{2n}+2^{n+1}+1+x^2}{2}<2^{n+1}+x^n+2^n+2.$$

于是
$$(x-1)(x^n+2^n+1)=x^{n+1}+2^n x+x-x^n-2^n-1$$
$$<x^{n+1}+2^{n+1}+1$$
$$<x(x^n+2^n+1),$$

所以 x^n+2^n+1 不整除 $x^{n+1}+2^{n+1}+1$. 因此,唯一解是 $(x,n)=(4,1)$ 和 $(11,1)$.

3. 是否存在正整数 $k>1$, 使方程 $n^{n^k}=m^m$ 至少有一个正整数解 m,n?

解 答案是肯定的; 对某个整数 t, 设 $m=n^t$. 那么原方程就变为 $t+n^t=k$. 为了求原方程的四个解 (m,n), 我们只需要求该方程的四个解 (t,n). 我们直接得到解是 $t=1, n=k-1$ 和 $t=k-1, n=1$. 为了求另两个解, 设 $k=11$; 此时我们能用 $t=2, n=3$ 和 $t=3, n=2$.

4. 设 a 是正实数, 且方程组
$$\begin{cases} x+y+z=1 \\ a^x+a^y+a^z=14-a \end{cases}$$
有实数解. 证明: $a \leqslant 8$.

证明 由 AM - GM 不等式, 注意到
$$a^x+a^y+a^z=14-a \geqslant 3\sqrt[3]{a^x a^y a^z}=3\sqrt[3]{a}.$$
推出
$$a+3\sqrt[3]{a}-14 \leqslant 0.$$
因为 $\sqrt[3]{a}=2$ 是方程 $a+3\sqrt[3]{a}-14=0$ 的根, 所以可以将因子 $\sqrt[3]{a}-2$ 提出, 得到
$$(\sqrt[3]{a}-2)(\sqrt[3]{a^2}+2\sqrt[3]{a}+7) \leqslant 0.$$
关于 $\sqrt[3]{a}$ 的二次式的判别式 $\Delta=2^2-4 \cdot 7<0$, 这证明了该因子是严格正的. 这表明必有 $\sqrt[3]{a} \leqslant 2$, 或 $a \leqslant 8$.

5. (Titu Andreescu, Mathematical Reflections) 求一切正整数 n, 使
$$2(6+9i)^n-3(1+8i)^n=3(7+4i)^n.$$

解 重排原方程的各项, 然后取绝对值, 得到
$$|2(6+9i)^n|=|3(1+8i)^n+3(7+4i)^n|.$$
但是由三角形不等式, 得 $|3(1+8i)^n+3(7+4i)^n| \leqslant |3(1+8i)^n|+|3(7+4i)^n|$. 于是我们有
$$|2(6+9i)^n| \leqslant |3(1+8i)^n|+|3(7+4i)^n|.$$
计算绝对值, 得到
$$2(\sqrt{6^2+9^2})^n \leqslant 3(\sqrt{1^2+8^2})^n+3(\sqrt{7^2+4^2})^n,$$
该式进一步简化为
$$9^{n-1} \leqslant 5^n.$$
但是该不等式只对 $n=1,2,3$ 成立. 事实上, $9^{4-1}=729>625=5^4$ 以及对一切 $m \geqslant 0$, 且对一切 $m \geqslant 0$, 有 $9^m \geqslant 5^m$, 所以对一切 $m \geqslant 0$, 有 $9^{m+3} \geqslant 5^{m+4}$. 因此对每一个 $n \geqslant 4$, 有 $9^{n-1}>5^n$.

余下来要检验的是当 $n=1,2,3$ 时, $2(6+9i)^n=3(1+8i)^n+3(7+4i)^n$ 是否成立. 当

$n = 1, 3$ 时，原方程的两边分别变为
$$12 + 18i \neq 24 + 36i,$$
$$-2\,484 + 486i \neq -552 + 108i,$$

当 $n = 2$ 时，两边都是 $-90 + 216i$，所以这是唯一解.

6. 设 x, y 是正实数，且 $x^y + y = y^x + x$. 证明：$x + y \leqslant 1 + xy$.

证明　不失一般性，设 $x \geqslant y$，假定与结论相反，即 $x + y > 1 + xy$. 则 $(1-x)(1-y) < 0$；因此 $x > 1 > y > 0$. 由 Bernoulli 不等式，我们知道
$$[1 + (y-1)]^x > 1 + (y-1)x,$$
和
$$[1 + (x-1)]^y < 1 + (x-1)y.$$

将这两个不等式相加，得到
$$[1 + (y-1)]^x + 1 + (x-1)y > [1 + (x-1)]^y + 1 + (y-1)x,$$
或
$$y^x + x > x^y + y,$$
这是一个矛盾.

7. (1996 Putnam) 设 n 是正整数. 证明：
$$\left(\frac{2n-1}{e}\right)^{\frac{2n-1}{2}} < 1 \cdot 3 \cdot 5 \cdots (2n-1) < \left(\frac{2n+1}{e}\right)^{\frac{2n+1}{2}}.$$

证明　我们将对 n 归纳. 基本情况 $n = 1$ 由 $2 < e < 3$ 推出. 现在假定对某个 n，原不等式成立. 为了证明当 $n+1$ 时的左边，我们注意到
$$\left[\frac{2(n+1)-1}{e}\right]^{\frac{2(n+1)-1}{2}} = \left(\frac{2n-1}{e}\right)^{\frac{2n-1}{2}} \cdot \left(\frac{2n+1}{2n-1}\right)^{\frac{2n-1}{2}} \cdot \frac{2n+1}{e}$$

由归纳假定
$$\left(\frac{2n-1}{e}\right)^{\frac{2n-1}{2}} < 1 \cdot 3 \cdots (2n-1),$$

由例 6.16 我们知道
$$\left(\frac{2n+1}{2n-1}\right)^{\frac{2n-1}{2}} = \left(1 + \frac{2}{2n-1}\right)^{\frac{2n-1}{2}} < e.$$

因此上面表达式至多是 $1 \cdot 3 \cdots (2n+1)$，这就是所需的.

现在证明当 $n+1$ 时的右边，注意到
$$\left[\frac{2(n+1)+1}{e}\right]^{\frac{2(n+1)+1}{2}} = \left(\frac{2n+1}{e}\right)^{\frac{2n+1}{2}} \cdot \left(\frac{2n+3}{2n+1}\right)^{\frac{2n+3}{2}} \cdot \frac{2n+1}{e}$$

由归纳假定，
$$\left(\frac{2n+1}{e}\right)^{\frac{2n+1}{2}} > 1 \cdot 3 \cdots (2n-1),$$

由例 6.16 我们知道
$$\left(\frac{2n+3}{2n+1}\right)^{\frac{2n+3}{2}} = \left(1+\frac{2}{2n+1}\right)^{\frac{2n+3}{2}} > e.$$

因此上面表达式至少是 $1 \cdot 3 \cdot \cdots \cdot (2n+1)$，这就是所需的. 所以归纳步骤都完成，对一切 n，不等式成立.

8. 是否存在不同的正实数 a, b, c，使
$$\frac{\log a}{b-c} = \frac{\log b}{c-a} = \frac{\log c}{a-b}?$$

解 我们将证明这样的 a, b, c 不存在. 用反证法，假定存在 a, b, c 满足已知条件. 设
$$\frac{\log a}{b-c} = \frac{\log b}{c-a} = \frac{\log c}{a-b} = k.$$

推出 $\log a = k(b-c)$，这表明 $a = 10^{k(b-c)}$.

同理 $b = 10^{k(c-a)}$ 和 $c = 10^{k(a-b)}$，那么我们有
$$abc = 10^{k(b-c+c-a+a-b)} = 10^0 = 1.$$

现在，注意到 $a^a = 10^{k(ab-ac)}$.

类似地，$b^b = 10^{k(bc-ab)}$，和 $c^c = 10^{k(ac-bc)}$. 相乘后得到
$$a^a b^b c^c = 10^{k(ab-ac+bc-ab+ac-bc)} = 10^0 = 1.$$

推出
$$\frac{a^a b^b c^c}{abc} = a^{a-1} b^{b-1} c^{c-1} = 1.$$

设 x 是正实数. 检验 $x > 1$ 和 $0 < x < 1$ 的情况，注意到不等式 $x^{x-1} \geq 1$ 成立，当且仅当 $x=1$ 时，等号成立. 因此满足上述关系的唯一方法是 $a = b = c = 1$. 但是，这些值并不是不同的，这一矛盾证明了这样的 a, b, c 不存在.

9. 设 x, y, z 是小于或等于 $\frac{1}{2}$ 的正实数. 证明：
$$x^{2y} + y^{2z} + z^{2x} > 1.$$

证明 由 Bernoulli 不等式
$$\left(\frac{1}{x}\right)^{2y} = (1+\frac{1}{x}-1)^{2y} \leq 1 + (\frac{1}{x}-1)2y = \frac{x+2y-2xy}{x},$$

可改写为
$$x^{2y} \geq \frac{x}{x+2y-2xy} > \frac{x}{x+2y}.$$

对左边的另外两项重复这一过程，我们得到和大于
$$\frac{x}{x+2y} + \frac{y}{y+2z} + \frac{z}{z+2x}.$$

现在我们利用 Titu 引理，将分子变成平方

$$\frac{x^2}{x^2+2xy}+\frac{y^2}{y^2+2yz}+\frac{z^2}{z^2+2xz}\geqslant\frac{(x+y+z)^2}{x^2+y^2+z^2+2xy+2yz+2zx}=1.$$

10. 如果 $0\leqslant x\leqslant e$, 证明:

$$(e+x)^{e-x}>(e-x)^{e+x}.$$

证明 当 $x=e$ 时, 不等式成立, 所以我们可以考虑 $x\in[0,e)$.

如果我们取对数, 那么不等式变为

$$(e-x)\ln(e+x)>(e+x)\ln(e-x).$$

将 $f:[0,e)\to\mathbf{R}$ 定义为 $f(x)=(e-x)\ln(e+x)-(e+x)\ln(e-x)$, 且 $f(0)=0$. 我们有

$$f'(x)=-\ln(e+x)+\frac{e-x}{e+x}-\ln(e-x)+\frac{e+x}{e-x},$$

且 $f'(0)=0$, 我们有

$$f''(x)=-\frac{1}{e+x}-\frac{2e}{(e+x)^2}+\frac{1}{e-x}+\frac{2e}{(e-x)^2}=\frac{2x(5e^2-x^2)}{(e-x)^2(e+x)^2},$$

且在 $[0,e)$ 上 $f''(0)\geqslant 0$. 这表明 f' 递增, 于是在 $[0,e)$ 上, 有 $f'(x)\geqslant 0$. 这表明 f 递增, 于是在 $[0,e)$ 上 $f(x)\geqslant 0$, 就在 $x=0$ 处取等号.

11. 求方程 $(a-b)^{ab}=a^b\cdot b^a$ 的正整数解.

解 将原方程改写为 $(a-b)=a^{\frac{1}{a}}b^{\frac{1}{b}}$. 考虑函数 $f:\mathbf{R}^+\to\mathbf{R}$ 定义为 $f(x)=x^{\frac{1}{x}}$. 为了求 f 的导数, 我们将 $x^{\frac{1}{x}}$ 改写为 $e^{\ln x^{\frac{1}{x}}}=e^{\frac{1}{x}\ln x}$, 用连锁法则求出其导数为 $\frac{1-\ln x}{x^2}\cdot x^{\frac{1}{x}}$.

注意到当 x 趋近于 0 时, $f(x)$ 趋近于 0; 当 x 趋近于无穷大时, $f(x)$ 趋近于 0(因为 $\frac{1}{x}\cdot\ln x$ 趋近于 0). 因此 $f(x)$ 的最大值必定在 $f'(x)=0$, 或 $x=e$ 取到.

因为 $2<e<3$, 我们知道 $f(e)=e^{\frac{1}{e}}<\sqrt{3}$. 于是, $a-b=a^{\frac{1}{a}}b^{\frac{1}{b}}<3$, 所以 $a-b$ 必是 1 或 2. 但不可能是 1, 因为此时 $a=b\Rightarrow a-b=0\neq 1$, 所以 $a-b$ 必是 2. 因此 $a=b+2$, 得到 $2^{b^2+2b}=(b+2)^b b^{b+2}$. 由此 b 和 $b+2$ 必须都是 2 的幂, 所以 $b=2$. 结论是唯一解是 $(a,b)=(4,2)$.

12. (Dorin Andrica, Mathematical Reflections) 对于正整数 n, 定义 $a_n=\prod_{k=1}^{n}(1+\frac{1}{2^k})$. 证明:

$$2-\frac{1}{2^n}\leqslant a_n<e^{1-\frac{1}{2^n}}.$$

证明 将右边展开后, 注意到各项都是正的, 我们有

$$1+\sum_{k=1}^{n}\frac{1}{2^k}\leqslant\prod_{k=1}^{n}(1+\frac{1}{2^k})$$

仅当 $n=1$ 时取等号.

因为
$$\sum_{k=1}^{n}\frac{1}{2^k}=\frac{\frac{1}{2}-\frac{1}{2^{n+1}}}{\frac{1}{2}}=1-\frac{1}{2^n},$$

我们得到左边的不等式.

对于右边的不等式,取对数后得到
$$\ln a_n=\ln\prod_{k=1}^{n}(1+\frac{1}{2^k})=\sum_{k=1}^{n}\ln(1+\frac{1}{2^k})<\sum_{k=1}^{n}\frac{1}{2^k}=1-\frac{1}{2^n},$$

这里不等式 $\ln(1+x)<x$(对于任何正实数 x)由计算导数推得.于是 $a_n<\mathrm{e}^{1-\frac{1}{2^n}}$.

13. (Sean Elliott) 设 a,b,c 是正实数.证明:
$$(a+b)^{\frac{a+b}{2}}(b+c)^{\frac{b+c}{2}}(c+a)^{\frac{c+a}{2}}\geqslant(a+b)^c(b+c)^a(c+a)^b.$$

证明 因为两边都是正数,所以可以取对数,得到等价的不等式
$$\sum_{\text{cyc}}\frac{a+b}{2}\log(a+b)\geqslant\sum_{\text{cyc}}c\log(a+b).$$

对某个实数 x,y,z,设 $a+b=10^x, b+c=10^y, c+a=10^z$.那么 $c=\dfrac{10^y+10^z-10^x}{2}$,对于 a 和 b 有类似的等式.将这三个式子代入原不等式,得到
$$\frac{10^x}{2}x+\frac{10^y}{2}y+\frac{10^z}{2}z\geqslant\frac{10^y+10^z-10^x}{2}x+\frac{10^z+10^x-10^y}{2}y+$$
$$\frac{10^x+10^y-10^z}{2}z.$$

但是,因为 x,y,z 和 $10^x,10^y,10^z$ 的顺序相同,由重排原理,我们知道
$$10^x x+10^y y+10^z z\geqslant 10^y x+10^z y+10^x z$$

和
$$10^x x+10^y y+10^z z\geqslant 10^z x+10^x y+10^y z.$$

将这些不等式相加,就得到结论.当且仅当 $x=y=z$ 或 $a=b=c$ 时,等号成立.

14. 如果 x,y,z 是大于 1 的实数,证明:当且仅当 $\mathrm{e}^x,\mathrm{e}^y,\mathrm{e}^z$ 成等差数列,且 $\ln x,\ln y,\ln z$ 成等比数列时,$\mathrm{e}^x,\mathrm{e}^y,\mathrm{e}^z$ 成等比数列,且 $\ln x,\ln y,\ln z$ 成等差数列.

解 因为 e^x 和 $\ln x$ 都是单射,所以后两个条件等价于
$$\begin{cases}\mathrm{e}^x\mathrm{e}^z=(\mathrm{e}^y)^2=\mathrm{e}^{2y}\Leftrightarrow x+z=2y\\ \ln x+\ln z=2\ln y=\ln y^2\Leftrightarrow xz=y^2\end{cases},$$

于是
$$xz=(\frac{x+z}{2})^2\Leftrightarrow 4xz=x^2+2xz+z^2\Leftrightarrow(x-z)^2,$$

所以 $x=z, y=\sqrt{x^2}=x$.

由 AM−GM 不等式,前两个条件等价于

$$\begin{cases} e^x + e^z = 2e^y \Leftrightarrow e^y = \dfrac{e^x+e^z}{2} \geqslant \sqrt{e^{x+z}} \\ \ln x \ln z = (\ln y)^2 \Leftrightarrow \ln y = \sqrt{\ln x \ln z} \leqslant \dfrac{\ln x + \ln z}{2} \end{cases},$$

因为函数 e^x 和 $\ln x$ 都递增,所以上面的不等式等价于

$$\begin{cases} 2y \geqslant x+z \\ y^2 \leqslant xz \end{cases} \Leftrightarrow \dfrac{x+z}{2} \leqslant \sqrt{xz},$$

再由 AM−GM 不等式,我们有 $x=z \Rightarrow y=x$. 于是我们的两组条件等价.

15. (Mircea Becheanu, Mathematical Reflections) 求一切正整数 $a > b \geqslant 2$,使

$$a^b - a = b^a - b.$$

解 从考虑 $b=2$ 开始. 我们必须求方程 $a^2 - a + 2 = 2^a$ 的正整数解,且 $a \geqslant 3$. 当 $a \geqslant 5$ 时,用归纳法容易证明 $2^a > a^2$. 因此,由上面的方程得到 $a^2 - a + 2 > a^2$,只有当 $a < 2$ 时成立. 下面,我们必须考虑 $a = 3$ 和 $a = 4$ 这两个值的情况,这样就推出解 $(a,b) = (3,2)$.

当 $a > b > 2$ 时,考虑函数

$$f(x) = \dfrac{\ln x}{x},$$

因为当 $x > e$ 时,导数

$$f'(x) = \dfrac{1 - \ln x}{x^2}$$

显然为负,所以 $f(x)$ 递减. 我们有以下等价链

$$a > b \Leftrightarrow \dfrac{\ln a}{a} < \dfrac{\ln b}{b} \Leftrightarrow a^b < b^a \Leftrightarrow a^b - b^a < 0 \Leftrightarrow a - b < 0 \Leftrightarrow a < b.$$

但这是一个矛盾. 因此只有解 $(a,b) = (3,2)$.

16. 求方程

$$2^x + 3^x + 4^x = x^2$$

的解的个数.

解 设 $f(x) = 2^x + 3^x + 4^x, g(x) = x^2$. 注意到当 $x \to -\infty$ 时, $f(x)$ 趋近于 0,而 $g(x)$ 趋近于无穷大. 但是, $f(0) = 3$ 和 $g(0) = 0$. 于是,当 $x < 0$ 时, $f(x)$ 和 $g(x)$ 的图像至少有一个交点. 此外,因为在区间 $(-\infty, 0)$ 上, $f(x)$ 递增, $g(x)$ 递减,所以至多存在一个交点.

现在考虑 $x > 0$. 注意到 $f'(x) = \ln 2 \cdot 2^x + \ln 3 \cdot 3^x + \ln 4 \cdot 4^x$ 和 $g'(x) = 2x$,所以 $f''(x) = \ln^2 2 \cdot 2^x + \ln^2 3 \cdot 3^x + \ln^2 4 \cdot 4^x, g''(x) = 2$. 因为 $f(0) > g(0), f'(0) > g'(0)$, $f''(x) > g''(x)$,所以得到对一切 $x > 0, f(x) > g(x)$.

结论是原方程恰有一解.

17. (Dorin Andrica) 设 λ 是正整数. 证明:存在唯一的正实数 θ,对一切实数 $x>0$,有
$$\theta^{x^\lambda} = x^{\theta^\lambda}.$$

解 考虑函数 $f:(0,\infty) \to \mathbf{R}, f(x) = \dfrac{\ln x}{x^\lambda}$,那么
$$f'(x) = \frac{1-\lambda \ln x}{x^{\lambda+1}},$$

当 $x = \mathrm{e}^{\frac{1}{\lambda}}$ 时, $f'(x) = 0$.

推出 $\theta = \mathrm{e}^{\frac{1}{\lambda}}$ 是该函数的唯一的最大值点,所以
$$f(x) \leqslant f(\mathrm{e}^{\frac{1}{\lambda}}), x > 0.$$

因此,仅当 $\theta = \mathrm{e}^{\frac{1}{\lambda}}$ 时,
$$\frac{\ln x}{x^\lambda} \leqslant \frac{\ln \theta}{\theta^\lambda}, \text{或} \ x^{\theta^\lambda} \leqslant \theta^{x^\lambda}.$$

18. 求一切正整数 $n(n \geqslant 3)$,使 $1 + \binom{n}{1} + \binom{n}{2} + \binom{n}{3}$ 是 2 的幂.

解 对于某个正整数 k,必有
$$1 + \binom{n}{1} + \binom{n}{2} + \binom{n}{3} = 2^k.$$

可将原方程改写为
$$(n+1)(n^2 - n + 6) = 3 \cdot 2^{k+1}.$$

设 $m = n+1$,则 $m \geqslant 4$,且
$$m(m^2 - 3m + 8) = 3 \cdot 2^{k+1}.$$

于是, m 必是形如 2^s 或 $3 \cdot 2^u$ 之一.

如果 $m = 2^s$,那么 $s \geqslant 2$. 于是对于某个正整数 t,有
$$2^{2s} - 3 \cdot 2^s + 8 = m^2 - 3m + 8 = 3 \cdot 2^t.$$

如果 $s \geqslant 4$,那么 $8 \equiv 3 \cdot 2^t \pmod{16}$. 因此, $t = 3$,所以 $m^2 - 3m + 8 = 24$,这意味着 $m(m-3) = 16$,无解. 检验 $2 \leqslant s \leqslant 3$ 的情况,求出 $s = 3$ 推得 $n = 7$,以及 $s = 2$ 推得 $n = 3$.

如果 $m = 3 \cdot 2^u, u \geqslant 1$. 于是对于某个正整数 v,有
$$9 \cdot 2^{2u} - 9 \cdot 2^u + 8 = m^2 - 3m + 8 = 3 \cdot 2^v.$$

容易检验当 $u = 1$ 或 $u = 2$ 时无解. 如果 $u \geqslant 4$,那么 $8 \equiv 2^v \pmod{16}$. 因此, $v = 3$,所以 $m(m-3) = 0$,这不可能. $u = 3$ 的情况推出 $n = 23$.

结论是只有解 $n = 3, 7$ 和 23.

19. (Angel Plaza, Mathematical Reflections) 证明:如果 $x \in \mathbf{R}$,且 $|x| \geqslant \mathrm{e}$,那么 $\mathrm{e}^{|x|} \geqslant \left(\dfrac{\mathrm{e}^2 + x^2}{2\mathrm{e}}\right)^\mathrm{e}$. 如果 $|x| \leqslant \mathrm{e}$,那么不等式改变方向.

解 两边取自然对数,并除以 e,原不等式变为
$$\left|\frac{x}{e}\right| \geqslant \ln\left[\left(\frac{x}{e}\right)^2 + 1\right] + 1 - \ln 2,$$
所以,将 $y = \frac{x}{e}$ 代入后,我们必须证明
$$|y| \geqslant 1 \Rightarrow |y| \geqslant \ln(y^2 + 1) + 1 - \ln 2.$$
现在考虑两种情况:$y \geqslant 1$ 和 $y \leqslant -1$. 在前一种情况下,我们考虑函数
$$f(y) = \ln(y^2 + 1) - y + 1 - \ln 2,$$
其导数是
$$f'(y) = \frac{2y}{y^2 + 1} - 1 \leqslant 0,$$
因此 $f(y)$ 递减,推出 $f(y) \leqslant f(1) = 0$.
对于第二种情况,函数
$$g(y) = \ln(y^2 + 1) + y + 1 - \ln 2$$
有一阶导数
$$g'(y) = \frac{2y}{y^2 + 1} + 1 \geqslant 0,$$
于是 g 是增函数,所以 $g(y) \leqslant g(-1) = 0$.
对于改变方向的不等式,我们按照同样的方法处理,将不等式归结为
$$|y| \leqslant 1 \Rightarrow |y| \leqslant \ln(y^2 + 1) + 1 - \ln 2.$$
在 $0 \leqslant y \leqslant 1$ 的情况下,我们又得到 $f'(y) \leqslant 0$,所以 $f(y) \geqslant f(1) = 0$. 在 $-1 \leqslant y \leqslant 0$ 的情况下,我们又得到 $g'(y) \geqslant 0$,所以 $g(y) \geqslant g(-1) = 0$.

20. (Titu Andreescu) 求 $2^x - 4^x + 6^x - 8^x - 9^x + 12^x$ 的最小值,这里 x 是正实数.

解 注意到
$$1 + 2^x - 4^x + 6^x - 8^x - 9^x + 12^x = (3^x - 2^x - 1)(4^x - 3^x - 1).$$
因为函数 $1 - \left(\frac{2}{3}\right)^x - \left(\frac{1}{3}\right)^x$ 和 $1 - \left(\frac{3}{4}\right)^x - \left(\frac{1}{4}\right)^x$ 都是 x 的增函数函数,且当 $x = 1$ 时,函数值为零,所以看出,当 $x > 1$ 时,这两个函数都为正;当 $x < 1$ 时,这两个函数都为负. 于是
$$1 + 2^x - 4^x + 6^x - 8^x - 9^x + 12^x$$
$$= 12^x \left[1 - \left(\frac{2}{3}\right)^x - \left(\frac{1}{3}\right)^x\right] \left[1 - \left(\frac{3}{4}\right)^x - \left(\frac{1}{4}\right)^x\right] \geqslant 0,$$
当且仅当 $x = 1$ 时,等号成立.
因此当 $x = 1$ 时,$2^x - 4^x + 6^x - 8^x - 9^x + 12^x$ 取最小值 -1.

21. (1984 IMO LL) 确定一切正实数对 (a, b),且 $a \neq 1$,使

$$\log_a b < \log_{a+1}(b+1).$$

解 定义集合 $S = \mathbf{R}^+ \setminus \{1\}$. 给定的不等式等价于
$$\frac{\ln b}{\ln a} < \frac{\ln(b+1)}{\ln(a+1)}.$$

如果 $b = 1$, 那么显然每一个 $a \in S$ 都满足该不等式. 现在假定 b 也属于 S.

我们在 S 上定义一个函数 $f(x) = \frac{\ln(x+1)}{\ln x}$. 因为 $\ln(x+1) > \ln x$, 以及 $\frac{1}{x} > \frac{1}{x+1} > 0$, 所以对一切 x, 我们有

$$f'(x) = \frac{\frac{\ln x}{x+1} - \frac{\ln(x+1)}{x}}{\ln^2 x} < 0.$$

因此 $f(x)$ 永远递减. 我们也注意到当 $x < 1$ 时, $f(x) < 0$; 当 $x > 1$ 时, $f(x) > 0$ (在 $x = 1$ 处间断).

我们假定 $b > 1$, 由 $\frac{\ln b}{\ln a} < \frac{\ln(b+1)}{\ln(a+1)}$, 我们得到 $f(b) > f(a)$. 这对 $b > a$ 或 $a < 1$ 都成立.

我们假定 $b < 1$. 这次得到 $f(b) < f(a)$. 这对 $a < b$ 或 $a > 1$ 都成立.

因此 $\log_a b < \log_{a+1}(b+1)$ 的所有的解是 $\{b = 1, a \in S\}$, $\{a > b > 1\}$, $\{b > 1 > a\}$, $\{a < b < 1\}$, 和 $\{b < 1 < a\}$.

22. (Crux Mathematicorum) 设 a, b, c 是正整数, 且对某个非负整数 k, 有
$$a^{b+k} \mid b^{a+k}, b^{c+k} \mid c^{b+k} \text{ 和 } c^{a+k} \mid a^{c+k}.$$

证明: 其中至少有两个相等.

证明 由关于 a 和 b 的整除性条件, 我们知道
$$a^{b+k} \leqslant b^{a+k} \Rightarrow a^{\frac{1}{a+k}} \leqslant b^{\frac{1}{b+k}}.$$

类似地, 我们得到
$$b^{\frac{1}{b+k}} \leqslant c^{\frac{1}{c+k}} \text{ 和 } c^{\frac{1}{c+k}} \leqslant a^{\frac{1}{a+k}},$$

所以事实上这些不等式中的每一个都必须是等式, 我们看到
$$a^{\frac{1}{a+k}} = b^{\frac{1}{b+k}} = c^{\frac{1}{c+k}}.$$

为了推出矛盾, 假定 a, b, c 两两不同. 不失一般性, 设 $a < b < c$, 并注意到 $a > 1$. 考虑函数 $f : (1, +\infty) \to \mathbf{R}$ 定义为 $f(x) = x^{\frac{1}{x+k}}$. 注意到 $f'(x) = x^{\frac{1}{x+k}} \cdot \left[\frac{k + x - x \ln x}{x(x+k)^2}\right]$.

设 $g(x) = k + x - x \ln x$, 注意到对于一切 $x > 1$, $g'(x) = -\ln x < 0$. 于是 g 严格递减, 所以 g 在 f 的定义域中至多有一个实数根. 这表明 $f'(x)$ 至多有一个实数根.

由中值定理, 应存在 $x_1 \in (a, b)$ 和 $x_2 \in (b, c)$, 使 $f'(x_1) = \frac{f(b) - f(a)}{b - a} = 0$ 和

$f'(x_2) = \dfrac{f(c)-f(b)}{c-b} = 0$. 但是这不可能, 因为 $f'(x)$ 至多有一个实数根, 然而 $x_1 \neq x_2$. 所以 a,b,c 中至少有两个必须相等.

23. 给定一个确定的实数 $a(a>1)$ 和自然数 $n(n>1)$, 求一切正实数 x, 使

$$\log_{a^n+a}(x+\sqrt[n]{x}) = \log_a \sqrt[n]{x}$$

解 注意到 $x=1$ 不是解, 所以假定 $x \neq 1$. 设 $u = x^{\frac{n-1}{n}}$. 由换底公式, 原方程等价于

$$\dfrac{\ln(u^{\frac{n}{n-1}} + u^{\frac{1}{n-1}})}{\ln(a^n+a)} = \dfrac{\ln u^{\frac{1}{n-1}}}{\ln a}$$

或

$$\dfrac{\ln(u+1)}{\ln u^{\frac{1}{n-1}}} + 1 = \dfrac{\ln(a^{n-1}+1)}{\ln a} + 1,$$

与下式相同

$$\dfrac{\ln(u+1)}{\ln u} = \dfrac{\ln(a^{n-1}+1)}{\ln a^{n-1}}.$$

对任何 $t>0, t \neq 1$, 考虑函数 $f(t) = \dfrac{\ln(t+1)}{\ln t}$. 当且仅当 $t>1$ 时, 该函数为正, 所以由 $a^{n-1}>1$, 必有 $u>1$. 现在

$$f'(t) = \dfrac{\dfrac{\ln t}{t+1} - \dfrac{\ln(t+1)}{t}}{\ln^2 t} < 0,$$

所以 $f(t)$ 严格递增, 因此是单射. 于是 $u = a^{n-1}$, $x = a^n$ 是仅有的解.

24. (1991 USAMO) 设 $a = \dfrac{m^{m+1}+n^{n+1}}{m^m+n^n}$, 这里 m 和 n 是正整数. 证明:

$$a^m + a^n \geq m^m + n^n.$$

证明 注意到

$$a = m(1+\dfrac{a-m}{m}) = n(1+\dfrac{a-n}{n}).$$

用 Bernoulli 不等式, 得到

$$a^m = m^m(1+\dfrac{a-m}{m})^m \geq m^m(1+a-m)$$

和

$$a^n = n^n(1+\dfrac{a-n}{n})^n \geq n^n(1+a-n)$$

将这两个不等式相加, 我们有

$$a^m + a^n \geq (m^m+n^n) + a(m^m+n^n) - (m^{m+1}+n^{n+1}).$$

将 $a = \dfrac{m^{m+1}+n^{n+1}}{m^m+n^n}$ 代入右边, 得到

$$a^m + a^n \geqslant m^m + n^n,$$

这就是所需的.

25. (Titu Andreescu) 在区间 $(\frac{1}{4}, 1)$ 上的一切实数 $x_1, x_2, \cdots, x_n$, 求

$$\log_{x_1}(x_2 - \frac{1}{4}) + \log_{x_2}(x_3 - \frac{1}{4}) + \cdots + \log_{x_n}(x_1 - \frac{1}{4})$$

的最小值.

解 由 AM−GM 不等式, 我们有 $x_k^2 + \frac{1}{4} \geqslant x_k$. 于是, 由 $\log_{x_k}$ 在正值上递减, 对一切 $k = 2, 3, \cdots, n+1$ (规定 $x_{n+1} = x_1$), 我们有

$$\log_{x_{k-1}}(x_k - \frac{1}{4}) \geqslant \log_{x_{k-1}} x_k^2 = 2\frac{\log x_k}{\log x_{k-1}}.$$

于是再用 AM−GM 不等式, 我们有

$$\sum_{k=2}^{n+1} \log_{x_{k-1}}(x_k - \frac{1}{4}) \geqslant 2\sum_{k=2}^{n+1} \frac{\log x_k}{\log x_{k-1}}$$

$$\geqslant 2n \sqrt[n]{\frac{\log x_2}{\log x_1} \cdot \frac{\log x_3}{\log x_2} \cdots \frac{\log x_1}{\log x_n}}$$

$$= 2n.$$

当且仅当 $x_1 = x_2 = \cdots = x_n = \frac{1}{2}$ 时, 等号成立.

26. 求一切实数 k, 使 $\frac{\ln x}{x} = k$ 在 $\mathbf{R}^+$ 中有两个解.

解 考虑函数 $f(x) = \frac{\ln x}{x}$. 注意到

$$f'(x) = \frac{1 - \ln x}{x^2},$$

所以在点 $x = e$ 处是局部极值, 因为当 $x > e$ 时, $f'(x)$ 为负; 而当 $x < e$ 时, $f'(x)$ 为正, 所以这个局部极值是最大值. 于是, $k = \frac{\ln x}{x} \leqslant \frac{1}{e}$. 此外, $f(x)$ 在 $(0, 1)$ 上递增, 在 $(1, +\infty)$ 上为正, 所以 k 不能为负. 于是 $k \in (0, \frac{1}{e})$. 我们断言对于任何这样的 k 都成立.

为了证明我们的断言, 考虑函数 $f(x) = \ln x$ 和 $g(x) = kx$. 对于某个 $0 < x_1 < e$, 这两个函数的图像必定相交, 因为当 x 在区间 $(0, e)$ 内变化时, $\frac{\ln x}{x}$ 取 $(0, \frac{1}{e})$ 内的每一个值. 此外, $f'(x_1) = \frac{1}{x_1}, g'(x_1) = k = \frac{\ln x_1}{x_1} < \frac{1}{x_1}$, 所以对于某个 $x_2 > x_1$, 有 $f(x_2) > g(x_2)$. 但是, $f(x)$ 是凹函数, 而 $g(x)$ 的导数是常数, 所以对于某个 $x_3 > x_1$, 有 $f(x_3) < g(x_3)$. 于是在 x_1 以后存在某个交点, 又因为 $f(x)$ 是凹函数, 所以至多可能存在一个交

点. 于是, 总共是两个交点.

27. 如果 a, n 是正整数, 且 $n \geq 6$ 以及 $2^a + \log_2 a = n^2$, 证明:
$$2\log_2 n > a > 2\log_2 n - \frac{1}{n}.$$

证明 左边的不等式立即可从 $n^2 = 2^a + \log_2 a \geq 2^a$ 这一事实推出.
对于右边, 由左边的不等式注意到
$$n^2 = 2^a + \log_2 a < 2^a + \log_2(2\log_2 n).$$
去掉 2^a 这一项, 然后两边取 $\log_2$, 我们得到
$$a > \log_2\left[n^2 - \log_2(2\log_2 n)\right] = 2\log_2 n + \log_2\left[1 - \frac{\log_2(2\log_2 n)}{n^2}\right].$$
利用上式, 所需的不等式变为
$$\log_2\left[1 - \frac{\log_2(2\log_2 n)}{n^2}\right] > -\frac{1}{n} \Leftrightarrow \left[1 - \frac{\log_2(2\log_2 n)}{n^2}\right]^n > \frac{1}{2}.$$
由 Bernoulli 不等式
$$\left[1 - \frac{\log_2(2\log_2 n)}{n^2}\right]^n > 1 - \frac{\log_2(2\log_2 n)}{n},$$
我们希望上式至少是 $\frac{1}{2}$. 为了使这一点成立, 我们需要
$$\frac{\log_2(2\log_2 n)}{n} < \frac{1}{2} \Leftrightarrow \log_2 n < 2^{\frac{n-2}{2}}.$$
当 $n = 6$, 以及随着 n 的增大时, 右边将比左边增加得快, 所以对一切 $n \geq 6$, 原不等式都成立.

28. (2006 IMO) 确定一切整数对 (x, y), 满足方程
$$1 + 2^x + 2^{2x+1} = y^2.$$

解 显然 $x \geq 0$. 当 $x = 0$ 时, 仅有的解是 $(0, \pm 2)$. 现在考虑 $x > 0$ 的一切解. 不失一般性, 假定 $y > 0$. 原方程改写为
$$2^x(1 + 2^{x+1}) = (y-1)(y+1),$$
所以在因子 $y \pm 1$ 中有一个能被 2 整除, 但不能被 4 整除, 另一个能被 2^{x-1} 整除, 但不能被 2^x 整除. 因为 $y - 1 \not\equiv y + 1 \pmod{4}$, 我们知道 $x \geq 3$. 于是, $y = 2^{x-1}m + \varepsilon$, 这里 m 是奇数, $\varepsilon = \pm 1$. 代入原方程, 化简后得到
$$2^{x-2}(m^2 - 8) = 1 - \varepsilon m.$$
因为 $m = 1$ 显然是不可能的, 所以 $m \geq 3$, 于是 $\varepsilon = -1$. 上面的方程给我们 $2(m^2 - 8) \leq 1 + m$, 这表明 $m = 3$, 推得 $x = 4, y = 23$. 结论是解是 $(0, \pm 2)$ 和 $(4, \pm 23)$.

29. 设 x, y, z 是实数, 且 $0 < y < x < 1$ 和 $0 < z < 1$. 证明
$$\frac{x^z - y^z}{1 - x^z y^z} > \frac{x - y}{1 - xy}.$$

证明 原不等式等价于 $\frac{x^z - x}{1 - x^{z+1}} > \frac{y^z - y}{1 - y^{z+1}}$. 于是只要证明当 $0 < t < 1$ 时, $f(t) = \frac{t^z - t}{1 - t^{z+1}}$ 递增, 即 f' 在 $(0, 1)$ 上为正. 注意到如果 $u = \frac{g}{h}$, 这里 g, h 可微, 那么 $u' = \frac{g'h - gh'}{h^2}$, 所以 u' 与 $g'h - gh'$ 同号. 因此只要证明

$$(zt^{z-1} - 1)(1 - t^{z+1}) - (t^z - t)[-(z+1)t^z] > 0.$$

该式等价于

$$g(t) = zt^{z-1} + t^{2z} - 1 - zt^{z+1} > 0.$$

现在, $g(1) = 0, g'(t) = zt^{z-2} h(t)$, 这里 $h(t) = 2t^{z+1} + z - 1 - (z+1)t^2$. 接着, $h(1) = 0$, 且当 $0 < t < 1$ 时, $h'(t) = 2(z+1)(t^z - t) > 0$. 因此, 当 $0 < t < 1$ 时, $h(t) < h(1) = 0$. 于是 $g'(t) < 0$, 所以 $g(t) > g(1) = 0$, 证毕.

30. 求一切有序正整数对 (m, n), 使 $2^m + 3^n$ 是完全平方数.

解 设 $2^m + 3^n = a^2$. 对该式模 3, 得到

$$2^m \equiv a^2 \pmod{3}.$$

平方数 a^2 模 3 余 0 或 1. 此外, $2^m \equiv (-1)^m \pmod{3}$, 所以 m 是偶数. 设 $m = 2r$, 那么 $2^{2r} + 3^n = 4^r + 3^n = a^2$. 对该式模 4, 得到

$$3^n \equiv a^2 \pmod{4}.$$

平方数 a^2 模 4 余 0 或 1. 此外, $3^n \equiv (-1)^n \pmod{4}$, 所以 n 是偶数. 设 $n = 2s$. 那么 $2^{2r} + 3^{2s} = a^2$, 所以

$$a^2 - 3^{2s} = (a + 3^s)(a - 3^s) = 2^{2r}.$$

那么 $a + 3^s$ 和 $a - 3^s$ 都必须是 2 的幂. 设 $a + 3^s = 2^x, a - 3^s = 2^y$ (所以 $x + y = 2r$). 将这两式相减, 得到

$$2 \cdot 3^s = 2^x - 2^y = 2^y(2^{x-y} - 1).$$

那么 $y = 1, 3^s = 2^{x-1} - 1$. 由 $x + y = 2r$, 得 $x = 2r - y = x = 2r - 1$, 所以

$$3^s = 2^{2r-2} - 1.$$

假定 $s \geq 2$. 那么 $r \geq 3$. 但是 3^s 模 8 余 1 或 3, $2^{2r-2} - 1$ 模 8 余 7, 所以必有 $s = 1$. 那么 $r = 2, m = 4$, 和 $n = 2$. 因此唯一解是 $(m, n) = (4, 2)$.

31. 求一切有序正整数三数组 (x, y, n), 使

$$\gcd(x, n+1) = 1 \text{ 和 } x^n + 1 = y^{n+1}.$$

解 我们有

$$x^n = y^{n+1} - 1 = (y - 1)m,$$

这里 $m = y^n + y^{n-1} + \cdots + y + 1$. 那么 $m \mid x^n$, 以及 $\gcd(m, n+1) = 1$.

我们也可将 m 写成

$$m = (y-1)[y^{n-1} + 2y^{n-2} + 3y^{n-3} + \cdots + (n-1)y + n] + (n+1),$$

所以 $(n+1) \mid \gcd(m, y-1)$. 但是 $\gcd(m, n+1) = 1$, 所以 $\gcd(m, y-1) = 1$.

因为 $x^n = (y-1)m$, 所以 m 必是完全 n 次幂. 但是当 $n > 1$ 时, 有

$$(y+1)^n = y^n + \binom{n}{1} y^{n-1} + \cdots + \binom{n}{n-1} y + 1 > m > y^n.$$

因此, 我们必有 $n = 1, x = y^2 - 1$. 因为 x 和 $n+2$ 互质, 所以 y 必是偶数.

于是, $(x, y, n) = (a^2 - 1, a, 1)$, 其中 a 是偶数.

32. (Austrian OM) 设 a, b, c 是正实数, 且 $a + b + c = 1$. 证明

$$\sqrt{a^{1-a} b^{1-b} c^{1-c}} \leqslant \frac{1}{3}.$$

证明 考虑 $a - b$ 的符号的情况, 注意到 $a^{a-b} \geqslant b^{a-b}$, 它等价于 $a^a b^b \geqslant a^b b^a$. 类似地, $b^b c^c \geqslant b^c c^b, c^c a^a \geqslant c^a a^c$. 将这些不等式相乘, 得到

$$a^{2a} b^{2b} c^{2c} \geqslant a^{b+c} b^{c+a} c^{a+b} = a^{1-a} b^{1-b} c^{1-c}.$$

两边乘以 $a^{2-2a} b^{2-2b} c^{2-2c}$, 得到

$$a^2 b^2 c^2 \geqslant (a^{1-a} b^{1-b} c^{1-c})^3.$$

由 AM $-$ GM 不等式, 左边至多是 $\left(\dfrac{a+b+c}{3}\right)^6 = \dfrac{1}{729}$.

推出结论. 当且仅当 $a = b = c = \dfrac{1}{3}$ 时, 等号成立.

33. 设 a, b 是正实数. 证明: $a^a + b^b \geqslant a^b + b^a$.

证明 不失一般性, 设 $a \geqslant b$. 不等式可写成

$$\frac{b^a}{a^b + b^a} \left(\frac{a}{b}\right)^a + \frac{a^b}{a^b + b^a} \left(\frac{b}{a}\right)^b \geqslant 1.$$

注意到 $\dfrac{b^a}{a^b + b^a} + \dfrac{a^b}{a^b + b^a} = 1$, 所以由 AM $-$ GM 不等式, 上面的左边至少是

$$\left(\frac{a}{b}\right)^{ab^a - ba^b} \geqslant 1.$$

只要证明

$$ab^a \geqslant ba^b.$$

如果 a 或 b 是 1, 那么这一不等式成立, 所以假定 a 和 b 都不等于 1. 上面的不等式可写成 $\dfrac{\ln a}{1-a} \geqslant \dfrac{\ln b}{1-b}$. 这可以由计算导数推得: 考虑函数 $f: \mathbf{R}^+ \setminus \{1\} \to \mathbf{R}$ 定义为 $f(x) = \dfrac{\ln x}{1-x}$.

那么 $f'(x) = \dfrac{1 - x + x \ln x}{x(1-x)^2}$, 所以要证明 f 递增, 只要证明 $1 - x + x \ln x \geqslant 0$. 现在, 设 $g(x) = 1 - x + x \ln x$. 那么 $g'(x) = \ln x$, 只有当 $x = 1$ 时, $g'(x) = 0$. 但是, 我们可以看到当 $x < 1$ 时, $g'(x) < 0$; 当 $x > 1$ 时, $g'(x) > 0$. 于是, $g(1)$ 是 g 的最小值, 所以

$g(x) \geqslant 0$.

34. (Turkmenistan MO) 设 a,b,c 是大于 1 的实数,n 是正整数. 证明

$$\frac{1}{(\log_{bc} a)^n} + \frac{1}{(\log_{ac} b)^n} + \frac{1}{(\log_{ab} c)^n} \geqslant 3 \cdot 2^n.$$

证明 注意到 $\dfrac{1}{(\log_{bc} a)^n} = (\log_a bc)^n = (\log_a b + \log_a c)^n$,对于另外两项有类似的等式. 于是,左边等于

$$(\log_a b + \log_a c)^n + (\log_b a + \log_b c)^n + (\log_c a + \log_c b)^n.$$

由 AM $-$ GM 不等式,上式至少是

$$3\sqrt[3]{(\log_a b + \log_a c)^n (\log_b a + \log_b c)^n (\log_c a + \log_c b)^n}.$$

将此与所需的界比较,只要证明

$$(\log_a b + \log_a c)(\log_b a + \log_b c)(\log_c a + \log_c b) \geqslant 8.$$

将左边展开后,得到

$$1 + 1 + \log_a b + \log_b c + \log_c a + \log_b a + \log_c b + \log_a c.$$

因为 $\log_a b \log_b c \log_c a = 1$,所以对上面八项用 AM $-$ GM 不等式就推得结论. 当且仅当 $a = b = c$ 时,等号成立.

35. 设 $1 < a_k \leqslant 2, k = 1, 2, \cdots, n$. 证明

$$\log_{a_1}(3a_2 + 2) + \log_{a_2}(3a_3 + 2) + \cdots + \log_{a_n}(3a_1 + 2) \geqslant 3n.$$

证明 我们希望证明表达式

$$3\left(\frac{\log a_2}{\log a_1} + \frac{\log a_3}{\log a_2} + \cdots + \frac{\log a_n}{\log a_{n-1}} + \frac{\log a_1}{\log a_n}\right)$$

是左边的下界,因为由 AM $-$ GM 不等式,上面的表达式大于或等于 $3n$.

从 $k = 1, 2, \cdots, n$ 开始,我们观察到 $3a_k + 2 \geqslant a_k^3$,因为该不等式等价于 $(a_k + 1)^2 (a_k - 2) \leqslant 0$,这在 a_k 的定义域内显然成立. 推出 $\log_{a_k}(3a_{k+1} + 2) \geqslant \log_{a_k}(a_{k+1}^3)$. 因此我们只需要证明

$$\log_{a_1}(a_2^3) + \log_{a_2}(a_3^3) + \cdots + \log_{a_n}(a_1^3) \geqslant 3n.$$

但是 $\log_{a_k}(a_{k+1}^3) = 3\dfrac{\log a_{k+1}}{\log a_k}$,所以只要证明

$$3\left(\frac{\log a_2}{\log a_1} + \frac{\log a_3}{\log a_2} + \cdots + \frac{\log a_n}{\log a_{n-1}} + \frac{\log a_1}{\log a_n}\right) \geqslant 3n,$$

可知由 AM $-$ GM 不等式是成立的.

36. 求满足方程组

$$\begin{cases} x^3 + 3x - 3 + \log(x^2 - x + 1) = y \\ y^3 + 3y - 3 + \log(y^2 - y + 1) = z \\ z^3 + 3z - 3 + \log(z^2 - z + 1) = x \end{cases}$$

的一切实数 x, y, z.

解 定义函数 $f(t) = t^3 + 3t - 3 + \log(t^2 - t + 1)$.
原方程组归结为
$$\begin{cases} f(x) = y \\ f(y) = f(f(x)) = z \\ f(z) = f(f(y)) = f(f(f(x))) = x \end{cases}.$$

注意到，因为 f 的导数是
$$f'(t) = 3t^2 + 3 + \frac{2t-1}{t^2 - t + 1} = 3t^2 + \frac{3t^2 - t + 2}{t^2 - t + 1} > 0,$$

所以我们知道 f 严格递增. 不失一般性，假定 $x \geq y \geq z$. 于是，我们必有 $f(x) \geq f(y) \geq f(z)$，上面的方程组表明 $y \geq z \geq x$. 因此，$x = y$，所以原方程归结为 $f(x) = x$，或
$$x^3 + 2x - 3 + \log(x^2 - x + 1).$$

定义 $g(x) = x^3 + 2x - 3 + \log(x^2 - x + 1)$. 又注意到 g 的导数是
$$g'(x) = 3x^2 + 2 + \frac{2x}{x^2 - x + 1}$$

我们断言对一切 x，有 $g'(x) > 0$. 因为 $x^2 - x + 1 > 0$，这就等价于 $g'(x) = 3x^4 - 3x^3 + 5x^2 + 2 > 0$. 所以，设 $h(x) = 3x^4 - 3x^3 + 5x^2 + 1$. 因为当 x 趋向于 $+\infty$ 或 $-\infty$ 时，$h(x)$ 趋向于 $+\infty$，在一个临界点处取最小值. 现在，因为 h 的导数是
$$h'(x) = 12x^3 - 9x^2 + 10x = x(12x^2 - 9x + 10),$$

第二个因子没有实数根，所以在 $x = 0$ 处有最小值. 但是，$h(0) = 1 > 0$，所以，$h(x)$ 严格为正.

于是，$g(x)$ 严格递增，所以 $g(x) = 0$ 至多有一个实数根；即 $g(1) = 0$. 因此，唯一解是 $(x, y, z) = (1, 1, 1)$，可以见这组解满足原方程.

37. 设 $a_1, a_2, \cdots, a_n \in (0, 1)$，设
$$t_n = \frac{n a_1 a_2 \cdots a_n}{a_1 + a_2 + \cdots + a_n}.$$

证明
$$\sum_{k=1}^{n} \log_{a_k} t_n \geq (n-1)n.$$

证明 因为 $a_1, a_2, \cdots, a_n$ 皆正，所以由 AM − GM 不等式，我们有
$$\frac{a_1 + a_2 + \cdots + a_n}{n} \geq \sqrt[n]{a_1 a_2 \cdots a_n},$$

由此推出 $t_n \leq (a_1 a_2 \cdots a_n)^{\frac{n-1}{n}}$. 因为 a_k 小于 1，所以有
$$\log_{a_k} t_n \geq \log_{a_k} [(a_1 a_2 \cdots a_n)^{\frac{n-1}{n}}] = \frac{n-1}{n} \log_{a_k}(a_1 a_2 \cdots a_n).$$

对 k 取所有的值得到的不等式相加,我们有
$$\sum_{k=1}^{n}\log_{a_k}t_n \geqslant \frac{n-1}{n}\log_{a_k}(a_1 a_2 \cdots a_n) = \frac{n-1}{n}\sum_{1\leqslant k,l\leqslant n}\log_{a_k}a_l.$$
最后一个和的 n^2 项的积为 1,这是因为 $\log_{a_k}a_l \cdot \log_{a_l}a_k = 1$,所以由 AM $-$ GM 不等式,我们有 $\sum_{1\leqslant k,l\leqslant n}\log_{a_k}a_l \geqslant n^2$. 这意味着结论是
$$\sum_{k=1}^{n}\log_{a_k}t_n \geqslant \frac{n-1}{n}\sum_{1\leqslant k,l\leqslant n}\log_{a_k}a_l \geqslant \frac{n-1}{n}\cdot n^2 = n(n-1),$$
这就是所需的.

38. 求一切非负实数 x,使存在正实数 $a,b \neq 1$,满足
$$\begin{cases} a+b=2 \\ a^x+b^x=2 \end{cases}.$$

解 首先注意到 $x=0$ 和 $x=1$ 是解. 不失一般性,设 $a>b$,所以 $a>1$. 可以设 $a-1=c$,这里 c 是正数. 于是 $b=1-c$,所以第二个方程变为 $(1+c)^x + (1-c)^x = 2$.

为了得到矛盾,假定存在解 $x \in (0,1)$. 那么由 Bernoulli 不等式,$(1+c)^x < 1+cx$,$(1-c)^x < 1-cx$,所以
$$2 = (1+c)^x + (1-c)^x < (1+cx) + (1-cx) = 2,$$
这是一个矛盾. 类似地,如果存在解 $x>1$,那么由 Bernoulli 不等式,$(1+c)^x > 1+cx$,$(1-c)^x > 1-cx$,所以
$$2 = (1+c)^x + (1-c)^x > (1+cx) + (1-cx) = 2,$$
又得到矛盾. 于是,唯一解是 $x = 0, 1$.

39. 如果 a,b,c 是区间 $(0,1)$ 内的实数,证明
$$\frac{(\log_{ab}c)^2}{a+b} + \frac{(\log_{bc}a)^2}{b+c} + \frac{(\log_{ca}b)^2}{c+a} \geqslant \frac{9}{8(a+b+c)}.$$

证明 由 Titu 引理
$$\frac{(\log_{ab}c)^2}{a+b} + \frac{(\log_{bc}a)^2}{b+c} + \frac{(\log_{ca}b)^2}{c+a} \geqslant \frac{(\log_{ab}c + \log_{bc}a + \log_{ca}b)^2}{2(a+b+c)}.$$
因为 $a+b+c>0$,所以不等式
$$\frac{(\log_{ab}c + \log_{bc}a + \log_{ca}b)^2}{2(a+b+c)} \geqslant \frac{9}{8(a+b+c)}.$$
等价于
$$(\log_{ab}c + \log_{bc}a + \log_{ca}b)^2 \geqslant \frac{9}{4},$$
或因为 $\log_{ab}c, \log_{bc}a, \log_{ca}b$ 皆正,所以
$$\log_{ab}c + \log_{bc}a + \log_{ca}b \geqslant \frac{3}{2}.$$

两边都加 3,该不等式等价于
$$\log_{ab}abc + \log_{bc}abc + \log_{ca}abc \geqslant \frac{9}{2} \Leftrightarrow \frac{1}{\log_{abc}ab} + \frac{1}{\log_{abc}bc} + \frac{1}{\log_{abc}ac} \geqslant \frac{9}{2}.$$

这是由 Titu 引理:
$$\frac{1}{\log_{abc}ab} + \frac{1}{\log_{abc}bc} + \frac{1}{\log_{abc}ac} \geqslant \frac{(1+1+1)^2}{\log_{abc}ab + \log_{abc}bc + \log_{abc}ac} = \frac{9}{2}.$$

推得的. 当且仅当 $a = b = c$ 时,等号成立.

40. (Dorin Andrica) 设 $x_1, x_2, \cdots, x_n$ 是正实数,且 $x_1 + x_2 + \cdots + x_n = 1$. 证明
$$x_1^{x_1} x_2^{x_2} \cdots x_n^{x_n} \geqslant \frac{1}{n}.$$

证明　设 $y_i = \frac{1}{x_i}$, $p = y_1 y_2 \cdots y_n$, 我们记得 $\ln x$ 是凹函数,所以由 Jensen 不等式,
$$\frac{\sum_{i=1}^{n} \frac{p}{y_i} \cdot \ln y_i}{\sum_{i=1}^{n} \frac{p}{y_i}} \leqslant \ln\left(\frac{np}{\sum_{i=1}^{n} \frac{p}{y_i}}\right) = \ln\left(\frac{n}{\sum_{i=1}^{n} \frac{1}{y_i}}\right).$$

因为 $\sum_{i=1}^{n} \frac{1}{y_i} = \sum_{i=1}^{n} x_i = 1$, 这等价于
$$\sum_{i=1}^{n} x_i \ln \frac{1}{x_i} \leqslant \ln n,$$

或
$$x_1^{x_1} x_2^{x_2} \cdots x_n^{x_n} \geqslant \frac{1}{n}.$$

41. 设 n 是大于 1 的整数. 证明
$$(n+1)^{1+\frac{1}{n}}(n-1)^{1-\frac{1}{n}} > n^2.$$

证明　注意到 $1 + \frac{1}{n} + 1 - \frac{1}{n} = 2$, 将原不等式改写为
$$\frac{(n+1)^{1+\frac{1}{n}}}{n^{1+\frac{1}{n}}} \cdot \frac{(n-1)^{1-\frac{1}{n}}}{n^{1-\frac{1}{n}}} > 1.$$

因为两边都为正,所以取对数后得到
$$\ln\left[\frac{(n+1)^{1+\frac{1}{n}}}{n^{1+\frac{1}{n}}} \cdot \frac{(n-1)^{1-\frac{1}{n}}}{n^{1-\frac{1}{n}}}\right] > 0,$$

它等价于
$$\left(1 + \frac{1}{n}\right) \ln\left(\frac{n+1}{n}\right) + \left(1 - \frac{1}{n}\right) \ln\left(\frac{n-1}{n}\right) > 0,$$

考虑函数 $f: \mathbf{R}^+ \to \mathbf{R}$ 定义为 $f(x) = x \ln x$. 注意到 $f''(x) = \frac{1}{x} > 0$, 所以 f 是凸函数. 那么

由 Jensen 不等式
$$f(1+x)+f(1-x) > 2f(1) = 0.$$
将 $x = \dfrac{1}{n}$ 代入后，推得结论.

42．(Titu Andreescu, Mathematical Reflections) 求方程 $6^x + 1 = 8^x - 27^{x-1}$ 的实数解．

解 设 $a = 1, b = -2^x, c = 3^{x-1}$. 那么由已知条件，原方程变为
$$a^3 + b^3 + c^3 - 3abc = 0.$$
分解因式为
$$a^3 + b^3 + c^3 - 3abc = (a+b+c)(a^2+b^2+c^2-ab-bc-ac).$$
当且仅当 $a = b = c$ 时，第二个括号这个因子等于零，这不可能. 于是原方程等价于
$$1 - 2^x + 3^{x-1} = 0.$$
对于每一个 x，可写为
$$3^{x-1} - 2^{x-1} = 2^{x-1} - 1,$$
考虑函数 $f(t) = t^{x-1}, t > 0$. 由中值定理，存在数 $\alpha \in (2,3)$ 和 $\beta \in (1,2)$，使 $f(3) - f(2) = f'(\alpha)$ 和 $f(2) - f(1) = f'(\beta)$. 因为 $f'(t) = (x-1)t^{x-2}$，所以得到
$$(x-1)\alpha^{x-2} = (x-1)\beta^{x-2}.$$
这表明或者 $x = 1$ 或者 (因为 $\alpha \neq \beta$) $x = 2$.

43．设 $a_0 \geq 2, a_{n+1} = a_n^2 - a_n + 1, n > 0$. 证明：对一切 $n \geq 1$，有
$$\log_{a_0}(a_n - 1)\log_{a_1}(a_n - 1)\cdots\log_{a_{n-1}}(a_n - 1) \geq n^n.$$

证明 重新安排递推关系，当 $k = 1, 2, \cdots, n-1$ 时，有
$$a_{k+1} - 1 = a_k(a_k - 1).$$
取积，得到
$$\prod_{k=0}^{n-1}(a_{k+1} - 1) = \prod_{k=0}^{n-1}(a_k) \cdot \prod_{k=0}^{n-1}(a_k - 1).$$
用归纳法容易证明对一切 $k \geq 0$，有 $a_k > 1$，因此我们可以消去许多项，得到
$$a_n - 1 = a_0 a_1 \cdots a_{n-1}(a_0 - 1) \geq a_0 a_1 \cdots a_{n-1}.$$
推出
$$\log_{a_k}(a_n - 1) \geq \log_{a_k} a_0 a_1 \cdots a_{n-1} = \log_{a_k} a_0 + \log_{a_k} a_1 + \cdots + \log_{a_k} a_{n-1}.$$
由 AM-GM 不等式，有
$$\log_{a_k} a_0 + \log_{a_k} a_1 + \cdots + \log_{a_k} a_{n-1} \geq n\sqrt[n]{\log_{a_k} a_0 \log_{a_k} a_1 \cdots \log_{a_k} a_{n-1}}.$$
取乘积，得到
$$\prod_{k=0}^{n-1} \log_{a_k}(a_n - 1) \geq n^n \prod_{k=0}^{n-1} \sqrt[n]{\log_{a_k} a_0 \log_{a_k} a_1 \cdots \log_{a_k} a_{n-1}}.$$

但是因为有 $\log_a b \cdot \log_b a = 1$, 所以 $\prod_{k=0}^{n-1} \sqrt[k]{\log_{a_k} a_0 \log_{a_k} a_1 \cdots \log_{a_k} a_{n-1}} = 1$, 推出结论.

44. (1977 IMO SL) 如果 $0 \leqslant a \leqslant b \leqslant c \leqslant d$, 证明:
$$a^b b^c c^d d^a \geqslant b^a c^b d^c a^d.$$

解 我们将利用以下引理.

引理 如果实函数 f 在区间 I 上是凸函数, $x, y, z \in I, x \leqslant y \leqslant z$, 那么
$$(y-z)f(x) + (z-x)f(y) + (x-y)f(z) \leqslant 0.$$

证明 当 $x = y = z$ 时, 不等式显然成立. 如果 $x < z$, 那么存在 p, r, 使 $p + r = 1$ 和 $y = px + rz$. 那么由 Jensen 不等式
$$f(px + rz) \leqslant pf(x) + rf(z),$$
它等价于引理的命题.

对凸函数 $-\ln x$ 利用引理, 对于任何 $0 \leqslant x \leqslant y \leqslant z$, 得到
$$x^y y^z z^x \geqslant y^x z^y x^z.$$

将不等式 $a^b b^c c^a \geqslant b^a c^b a^c$ 和 $a^c c^d d^a \geqslant c^a d^c a^d$ 相乘, 得到所需的不等式.

注 类似地, 当 $0 < a_1 \leqslant a_2 \leqslant \cdots \leqslant a_n$ 时, 以下不等式成立:
$$a_1^{a_2} a_2^{a_3} \cdots a_n^{a_1} \geqslant a_2^{a_1} a_3^{a_2} \cdots a_1^{a_n}.$$

45. (USAMO 2007) 证明: 对于每一个非负整数 n, 数 $7^{7^n} + 1$ 至少是 $2n + 3$ 个(不必不同的) 质数的积.

证明 用归纳法证明. 当 $n = 0$ 时, 基本情况是 $7^{7^0} + 1 = 7^1 + 1 = 2^3$ 命题成立. 为证明归纳步骤, 只要证明如果对某个正整数 m, 有 $x = 7^{2m-1}$, 那么 $\dfrac{x^7 + 1}{x + 1}$ 是合数. 作为一个结论, $x^7 + 1$ 至少有两个以上不是 $x + 1$ 的质因数. 为了确认 $\dfrac{x^7 + 1}{x + 1}$ 是合数, 观察

$$\frac{x^7 + 1}{x + 1} = \frac{(x+1)^7 - [(x+1)^7 - (x^7 + 1)]}{x + 1}$$
$$= (x+1)^6 - \frac{7x(x^5 + 3x^4 + 5x^3 + 5x^2 + 3x + 1)}{x + 1}$$
$$= (x+1)^6 - 7x(x^4 + 2x^3 + 3x^2 + 2x + 1)$$
$$= (x+1)^6 - 7^{2m}(x^2 + x + 1)^2$$
$$= [(x+1)^3 - 7^m(x^2 + x + 1)][(x+1)^3 + 7^m(x^2 + x + 1)].$$

每一个因子都超过 1. 只要检验小的一个因子; $\sqrt{7x} \leqslant x$ 给出
$$(x+1)^3 - 7^m(x^2 + x + 1) = (x+1)^3 - \sqrt{7x}(x^2 + x + 1)$$
$$\geqslant x^3 + 3x^2 + 2x + 1 - x(x^2 + x + 1)$$
$$= 2x^2 + 2x + 1 > 113 > 1.$$

因此 $\frac{x^7+1}{x+1}$ 是合数,证毕.

46. 求一切有序正整数对 (x,y),x,y 都没有大于 5 的质因数,对某个非负整数 k,有
$$x^2 - y^2 = 2^k.$$

解 我们可以写成 $(x+y)(x-y)=2^k$,所以对于某个 $m>n$,有 $x+y=2^m$,$x-y=2^n$. 因此,$x=2^{m-1}+2^{n-1}=2^{n-1}(2^{m-n}+1)$,$y=2^{m-1}-2^{n-1}=2^{n-1}(2^{m-n}-1)$. 但是已知条件告诉我们 x,y 都没有大于 5 的质因数,所以对于某个 x_1,x_2,y_1,y_2,有 $x=2^{n-1}3^{x_1}5^{x_2}$ 和 $y=2^{n-1}3^{y_1}5^{y_2}$. 这就给我们 $2^{m-n}+1=3^{x_1}5^{x_2}$ 和 $2^{m-n}-1=3^{y_1}5^{y_2}$,所以
$$3^{x_1}5^{x_2} - 3^{y_1}5^{y_2} = 2.$$

如果 $x_1 \geqslant 1$,且 $y_1 \geqslant 1$,那么左边将能被 3 整除,所以 x_1 和 y_1 中至少有一个为 0. 类似地,x_2 和 y_2 中至少有一个为零. 所以,我们 $x_2=y_1=0$ 和 $x_1=y_2=0$ 这两种情况. (如果 $y_1=y_2=0$,那么方程变为 $3^{x_1}5^{x_2}=3$,所以 $x_1=1,x_2=0$,这已包括了 $x_2=y_1=0$ 的情况.)

如果 $x_2=y_1=0$,那么
$$5^{y_2} = 2^{m-n} - 1.$$
于是 $2^{m-n} \equiv 2 \pmod 4$,所以 $m-n=1$,$y_2=0$,$x_1=1$. 因此,$x=3 \cdot 2^{n-1}$,$y=2^{n-1}$.

如果 $x_1=y_2=0$,那么
$$3^{y_1} = 2^{m-n} - 1.$$
我们有 3^{y_1} 模 8 同余 1 或 3,所以 2^{m-n} 模 8 同余 2 或 4. 因此,$m-n=1$ 或 $m-n=2$. 如果 $m-n=1$,那么 $3=5^{x_2}$,这不可能. 如果 $m-n=2$,那么 $y_1=1$,$x_2=1$. 因此,$x=5 \cdot 2^{n-1}$,$y=3 \cdot 2^{n-1}$.

总的来说,仅有的解是形如 $(x,y)=(3 \cdot 2^{n-1},2^{n-1})$ 和 $(5 \cdot 2^{n-1},3 \cdot 2^{n-1})$.

47. (Dorin Andrica) 设 $a<b$ 是正整数. 证明:方程
$$\left(\frac{a+b}{2}\right)^{x+y} = a^x b^y$$
在区间 (a,b) 上至少有一个解.

证明 对区间 $\left[a,\frac{a+b}{2}\right]$ 上的函数 $f(t)=\ln t$ 用中值定理,对某个 $x \in \left(a,\frac{a+b}{2}\right)$,得到
$$\frac{\ln \frac{a+b}{2} - \ln a}{\frac{b-a}{2}} = \frac{1}{x}.$$
因此
$$\ln \left(\frac{a+b}{2a}\right)^x = \frac{b-a}{2}.$$

对区间 $[\frac{a+b}{2},b]$ 用同样的方法,对某个 $y \in (\frac{a+b}{2},b)$ 给出

$$\frac{\ln b - \ln \frac{a+b}{2}}{\frac{b-a}{2}} = \frac{1}{y} \tag{1}$$

因此

$$\ln \left(\frac{2b}{a+b}\right)^y = \frac{b-a}{2}. \tag{2}$$

由方程(1)和(2),得到

$$\left(\frac{a+b}{2a}\right)^x = \left(\frac{2b}{a+b}\right)^y.$$

那么

$$\left(\frac{a+b}{2}\right)^{x+y} = a^x b^y,$$

这就是所需的.

48. (Hadi Khodabandeh) 求方程

$$n^{n^n} = m^m$$

的正整数解.

解 我们从一个引理开始.

引理 设 n 是正整数,p,q 是某个正有理数. 如果 $n^p = q$,那么 q 本身也是整数.

证明 假定 $p = \frac{a}{b}, q = \frac{c}{d}$,这里 $a,b,c,d \in \mathbf{N}$. 我们有

$$n^p = q \Rightarrow n^{\frac{a}{b}} = \frac{c}{d} \Rightarrow n^a = \left(\frac{c}{d}\right)^b = \frac{c^b}{d^b} \Rightarrow d^b \mid c^b \Rightarrow d \mid c \Rightarrow q \in \mathbf{N}.$$

现在回到原题,注意到如果 $n=1$,那么 $m=n=1$,这是原方程的一组解. 所以我们可以假定 $n>1$. 设 $r = \log_n m (m = n^r)$. 我们有

$$n^{n^n} = m^m = (n^r)^{n^r} = n^{m^r}.$$

因为 $n>1$,所以必有

$$n^n = rn^r \Rightarrow r = n^{n-r}.$$

另一方面,因为 $n^{n^n} = m^m$,我们得到 $n^n = m \log_n m = r$ 或 $r = \frac{n^n}{m} \in \mathbf{Q}$. 根据引理,$n-r$ 和 r 分别起 p 和 q 的作用,得到 r 是整数. 现在,如果 $r<n$,那么 $n^{n-r} \geqslant n^1 > r = n^{n-r}$,这不可能. 如果 $r>n$,那么 $n^{n-r} < 1 \leqslant r = n^{n-r}$,这又不可能.

所以必有 $n = r$. 因此,$n = r = n^{n-r} = 1$. 这与假定 $n>1$ 矛盾,于是唯一解是 $m=n=1$.

49. (Titu Andreescu) 设 x,y,z,v 是不同的正整数,且 $x+y=z+v$. 证明:不存在

$\lambda > 1$,使
$$x^\lambda + y^\lambda = z^\lambda + v^\lambda.$$

证明 设 $u = x + y = z + v$,假定 $x < y, z < v$,那么有 $x < \dfrac{u}{2}, z < \dfrac{u}{2}, y = u - x$, $v = u - z$.

用反证法,假定存在 $\lambda > 1$,使
$$x^\lambda + y^\lambda = z^\lambda + v^\lambda.$$
考虑函数 $f:(0, u) \to (0, +\infty)$,
$$f(t) = t^\lambda + (u - t)^\lambda,$$
注意到 f 可微. 我们有
$$f'(t) = \lambda[t^{\lambda-1} + (u - t)^{\lambda-1}], t \in (0, u),$$
由 $\lambda > 1$,推出 f 在 $(0, \dfrac{u}{2})$ 上递增. x, z 都在 $(0, \dfrac{u}{2})$ 中,所以 $f(x) \neq f(z)$,因为 $x \neq z$. 这表明 $x^\lambda + y^\lambda \neq z^\lambda + v^\lambda$,这是一个矛盾.

50. 如果 $a_1, a_2, \cdots, a_n$ 是正实数,且 $a_1 a_2 \cdots a_n = 1, \alpha, \beta$ 是正实数,且 $\alpha \geqslant \beta$,证明
$$a_1^\alpha + a_2^\alpha + \cdots + a_n^\alpha \geqslant a_1^\beta + a_2^\beta + \cdots + a_n^\beta.$$

证明 注意到
$$a_1^\alpha + a_2^\alpha + \cdots + a_n^\alpha = a_1^{\alpha-\beta} a_1^\beta + a_2^{\alpha-\beta} a_2^\beta + \cdots + a_n^{\alpha-\beta} a_n^\beta.$$
因为 $\alpha - \beta \geqslant 0$,所以数列 $a_1^{\alpha-\beta}, a_2^{\alpha-\beta}, \cdots, a_n^{\alpha-\beta}$ 和 $a_1^\beta, a_2^\beta, \cdots, a_n^\beta$ 的排列顺序相同,由 Chebyshev 不等式,上述表达式至少是
$$\dfrac{1}{n}(a_1^{\alpha-\beta} + a_2^{\alpha-\beta} + \cdots + a_n^{\alpha-\beta})(a_1^\beta + a_2^\beta + \cdots + a_n^\beta)$$
由 AM - GM 不等式,利用 $a_1 a_2 \cdots a_n = 1$,上式至少是
$$(a_1^{\alpha-\beta} a_2^{\alpha-\beta} \cdots a_n^{\alpha-\beta}) \dfrac{1}{n} (a_1^\beta + a_2^\beta + \cdots + a_n^\beta) = a_1^\beta + a_2^\beta + \cdots + a_n^\beta.$$
当且仅当 $a_1 = a_2 = \cdots = a_n = 1$ 或 $\alpha = \beta$ 时,等号成立.

51. 求一切正整数 n,使 $2^n + 3^n + 13^n - 14^n$ 是整数的立方.

解 当 $n = 1, 2$ 时,我们有
$$13^3 > 2^n + 3^n + 13^3 - 14^n > 13^3 - 14^2 = 2\ 001 > 1\ 728 = 12^3,$$
显然也不是整数的立方. 因此当 $n \leqslant 2$ 时,不存在整数解.

当 $n = 3$ 时,我们有 $2^n + 3^n + 13^3 - 14^n = -512 = (-8)^3$,所以 $n = 3$ 是解. 当 $n = 3m$ 是 3 的倍数时,不存在其他的解,因为 $14^{3m} > 14^{3m} - 13^3 - 3^{3m} - 2^{3m} > (14^m - 1)^3$,因为对一切 m,显然 $14^{2m} = 196^m > 27^m + 8^m + 3 \cdot 14^m$,而对一切 $m \geqslant 2$,有 $14^{2m} > 14^4 > 13^3$.

假定 $n \geqslant 4$ 是解,这里 3 不能整除 n. 首先注意到 $2^n - 14^n$ 是 8 的倍数,$3^n + 13^3$ 是偶数. 于是必是 8 的倍数. 但是 $13^3 = 2\ 197 \equiv 5 \pmod 8$,或 $3^n \equiv 3 \pmod 8$, n 必是奇数. 于

是，$m \equiv \pm 1 \pmod 6$，我们研究两种情况：

(1) 如果 $n \equiv 1 \pmod 6$，$n \geqslant 4$，注意到 $13^3 = 2\,197 \equiv -1 \pmod 7$，而 $2^6 \equiv 3^6 \equiv 1 \pmod 7$，或 $2^n + 3^n + 13^3 - 14^n \equiv 4 \pmod 7$. 但是所有的完全立方数模 7 的余数必是 0, 1 或 6 (容易检验)，这是一个矛盾.

(2) 如果 $n \equiv 5 \pmod 6$，注意到 $13^3 = 2\,197 \equiv 1 \pmod 9$，而 $2^6 \equiv 14^6 \equiv 1 \pmod 9$，或 $2^n + 3^n + 13^3 - 14^n \equiv 32 + 1 - 14^5 \equiv 4 \pmod 9$. 但是所有的完全立方数模 9 的余数必是 0, 1 或 8 (容易检验)，这又是一个矛盾.

于是，仅有一解，$n = 3$.

52. (Titu Andreescu, Mathematical Reflections) 设 n 是正整数，$a_1, a_2, \cdots, a_n$ 是区间 $\left(0, \dfrac{1}{n}\right)$ 内的实数. 证明

$$\log_{1-a_1}(1-na_2) + \log_{1-a_2}(1-na_3) + \cdots + \log_{1-a_n}(1-na_1) \geqslant n^2.$$

证明 我们从以下引理开始.

引理 对于每一个 $x \in \left(0, \dfrac{1}{n}\right)$，我们有

$$\frac{\ln(1-nx)}{\ln(1-x)} \geqslant n,$$

这里 ln 表示自然对数，当且仅当 $n = 1$ 时，等号成立.

证明 对一切 $x \in \left(0, \dfrac{1}{n}\right)$，因为 $0 < 1 - nx < 1 - x < 1$，所以存在自然对数，且为负实数，所以问题的结果等价于 $\ln(1-nx) < n\ln(1-x)$，或者 $(1-nx) < (1-x)^n$，后者显然成立，当 $n = 1$ 时，对一切 $x \in \left(0, \dfrac{1}{n}\right)$，等号成立. 如果结果对 n 成立，那么注意到

$$(1-x)^{n+1} \geqslant (1-x)(1-nx) = 1 - (n+1)x + nx^2 > 1 - (n+1)x,$$

或结果对 $n+1$ 成立，且严格不等. 推出引理.

因为

$$\log_{1-a_1}(1-na_2) = \frac{\ln(1-na_2)}{\ln(1-a_1)},$$

对其余各项有类似的等式，由 AM—GM 不等式，将只要证明

$$\sqrt[n]{\frac{\ln(1-na_2)\ln(1-na_3)\cdots\ln(1-na_1)}{\ln(1-a_1)\ln(1-na_2)\cdots\ln(1-na_2)}} \geqslant n,$$

这显然成立，因为根号可以写成 n 项形如 $\dfrac{\ln(1-na_i)}{\ln(1-a_i)}$ 的积，由引理可知，每一项都大于或等于 n. 这就推出结论，当且仅当 $n = 1$ 时，等号成立.

53. (Dorin Andrica)(1) 证明：对于任何 $x \geqslant y > 0$，有

$$(ey)^{x-y} \leqslant \frac{x^x}{y^y} \leqslant (ex)^{x-y}.$$

(2) 证明
$$\frac{(n+1)^n}{e^n} < n! < \frac{(n+1)^{n+1}}{e^n}, n \geqslant 1.$$

证明 (1) 考虑函数 $\varphi:(0,+\infty) \to \mathbf{R}$,
$$\varphi(t) = t\ln t - t.$$
由中值定理,对某个 $\theta \in (y,x)$,有
$$\frac{\varphi(x) - \varphi(y)}{x - y} = \varphi'(\theta).$$
那么
$$\frac{x\ln x - y\ln y - x + y}{x - y} = \ln \theta.$$
推出
$$\ln \frac{x^x}{y^y e^{x-y}} = \ln \theta^{x-y}.$$
所以
$$\frac{x^x}{y^y} = \ln (e\theta)^{x-y}.$$
不等式 $y < \theta < x$ 表明
$$(ey)^{x-y} \leqslant \frac{x^x}{y^y} \leqslant (ex)^{x-y},$$
这就是要证明的.

(2) 设 $x = k+1, y = k$ 得到
$$\frac{ek}{k+1} < \frac{(k+1)^k}{k^k} < e, k > 0.$$
取 $k = 1$ 到 $k = n$,将这 n 个不等式相乘,给出
$$\frac{e^n}{k+1} < \frac{2 \cdot 3^2 \cdot 4^3 \cdot \cdots \cdot (n+1)^n}{1 \cdot 2^2 \cdot 3^3 \cdot \cdots \cdot n^n} < e^n,$$
那么
$$\frac{e^n}{(n+1)^{n+1}} < \frac{1}{n!} < \frac{e^n}{(n+1)^n}.$$
因此
$$\frac{(n+1)^n}{e^n} < n! < \frac{(n+1)^{n+1}}{e^n},$$
这就是所断言的.

54. (Oleg Mushkarov, Mathematical Reflections) 设 n 是整数. 求一切整数 m,对一

切正实数 a 和 b, $a+b=2$, 有 $a^m+b^m \geqslant a^n+b^n$.

解 首先假定 $n<0$. 当 $m \leqslant 0$ 时, 容易检验

$$a^m+b^m \leqslant \frac{a+b}{2}(a^{m-1}+b^{m-1}),$$

因为该不等式可重新写成 $(a^{m-1}-b^{m-1})(a-b) \leqslant 0$, 所以当且仅当 $a=b$ 时, 等号成立. 因此如果 $a+b=2$, 我们看到(由于 $a \neq b$), 当 $m \leqslant 0$ 时, a^m+b^m 是严格减函数. 如果 $m \leqslant n \leqslant 0$, 那么推得 $a^m+b^m \geqslant a^n+b^n$, 因此当 $n<m \leqslant 0$ 时, 不等式不成立. 现在假定 $m > 0$. 设 a 趋向于 0, b 趋向于 2, 我们看到 a^n+b^n 趋向于无穷大, 但是 a^m+b^m 趋向于 2^m. 于是不等式对任何这样的 n, 都不成立.

如果 $n=0$ 或 1, 那么 $a^0+b^0=a^1+b^1=2$. 前面一节的论证中已证明当 $m \leqslant 0$ 时, 有 $a^m+b^m \geqslant a^0+b^0$. 由下一节的论证的前一部分将证明当 $m \geqslant 1$ 时, 有 $a^m+b^m \leqslant a^1+b^1$. 因此, 这两种情况中所有的整数 m 都行.

现在假定 $n \geqslant 2$. 当 $m \geqslant 2$ 时, 我们有(像上面那样重新排列)

$$a^m+b^m \geqslant \frac{a+b}{2}(a^{m-1}+b^{m-1}),$$

当且仅当 $a=b$ 时, 等号成立. 这就推出当 $m \geqslant n \geqslant 1$ 时, $a^m+b^m \geqslant a^n+b^n$, 当 $1 \leqslant m < n$ 时, 该不等式不成立. 现在假定 $m \leqslant 0$. 函数 $f(a)=a^k+(2-a)^k$ 有 $f'(1)=0$ 和 $f''(1)=2k(k-1)$. 因此如果当 a 和 b 都接近 1 时, 不等式 $a^m+b^m \leqslant a^n+b^n$ 成立, 那么我们必有 $m(m-1) \geqslant n(n-1)$. 因为 $m \leqslant 0 < n$, 这等价于 $m \leqslant 1-n$. 如果我们在这两种情况下都证明不等式成立, 以及前面的结果, 证明就完成了, 并且这将推出当 $m=1-n$ 时的结果. 于是我们需要证明以下断言.

断言 如果 $n \geqslant 2$, $0<a<2$, 那么 $a^n+(2-a)^n \leqslant a^{1-n}+(2-a)^{1-n}$.

证明 我们对 n 用归纳法. 对于基本情况, 注意到当 $n=0,1$ 时, 所需的不等式成立(即使 $n=0,1$ 不包括在命题中). 现在假定 $n \geqslant 2$. 考察函数 $f(a)=a^{1-n}+(2-a)^{1-n}-a^n-(2-a)^n$. 我们要证明在 $(0,2)$ 上, 有 $f(a) \geqslant 0$. 容易计算 $f(1)=f'(1)=0$. 因此只要证明 $f''(a) \geqslant 0$. 下面计算

$$f''(a) = n(n-1)[a^{-n-1}+(2-a)^{-n-1}-a^{n-2}-(2-a)^{n-2}]$$
$$\geqslant n(n-1)[a^{-n-1}+(2-a)^{-n-1}-a^{3-n}-(2-a)^{3-n}] \geqslant 0.$$

这里第一个不等式是归纳假定, 第二个不等式是由解的前面一部分推出的, 因为 $-n-1 \leqslant 3-n \leqslant 1$.

55. 设 a,b,c 是小于 1 的正实数. 证明

$$\log_a \frac{a+b+c}{3} \cdot \log_b \frac{a+b+c}{3} \cdot \log_c \frac{a+b+c}{3} \geqslant \frac{27abc}{(a+b+c)^3}.$$

证明 由换底公式, 左边等于

$$\frac{\ln\frac{a+b+c}{3}}{\ln a}\cdot\frac{\ln\frac{a+b+c}{3}}{\ln b}\cdot\frac{\ln\frac{a+b+c}{3}}{\ln c}.$$

两边开立方,原不等式等价于

$$\frac{\ln\frac{a+b+c}{3}}{\sqrt[3]{\ln a\ln b\ln c}}\geqslant\frac{3\sqrt[3]{abc}}{a+b+c}.$$

两边乘以 $\frac{a+b+c}{3}\sqrt[3]{\ln a\ln b\ln c}$,因为 a,b,c 的范围,所以该式为负,得到

$$\frac{a+b+c}{3}\ln\frac{a+b+c}{3}\leqslant\sqrt[3]{abc\ln a\ln b\ln c}.$$

两边乘以 -1,利用恒等式 $-\ln x=\ln\frac{1}{x}$,不等式变为

$$\frac{a+b+c}{3}\ln\frac{3}{a+b+c}\geqslant\sqrt[3]{abc\ln\frac{1}{a}\ln\frac{1}{b}\ln\frac{1}{c}}.$$

现在两边取自然对数,不等式变为

$$\ln\frac{a+b+c}{3}+\ln\ln\frac{3}{a+b+c}\geqslant\frac{\sum_{\text{cyc}}\left(\ln a+\ln\ln\frac{1}{a}\right)}{3}.$$

设 $f(x)=x+\ln\ln\frac{1}{x}$,我们只需证明

$$f\left(\frac{a+b+c}{3}\right)\geqslant\frac{f(a)+f(b)+f(c)}{3}.$$

因为当 $x\in(0,1)$ 时,$f''(x)=-\frac{(\ln x)^2+\ln x+1}{x^2(\ln x)^2}<0$,由 Jensen 不等式推出结论.

56. (2014 Italy TST) 设 a,b,c,p,q,r 是正整数,且

$$a^p+b^q+c^r=a^q+b^r+c^p=a^r+b^p+c^q.$$

证明:$a=b=c$ 或 $p=q=r$.

证明 我们考虑三种情况:

情况 1 p,q,r 中至少有两个相等.不失一般性,假定 $q=r$.原方程可改写为

$$a^p-a^q=b^p-b^q=c^p-c^q.$$

如果 $p=q$,那么 $p=q=r$,证完.否则,如果 $p\neq q$,考虑函数 $f(x)=x^p-x^q$.那么 $f'(x)=px^{p-1}-qx^{q-1}$.如果 $p>q$,那么对一切 $x\geqslant 1$,有 $f'(x)>0$;如果 $p<q$,那么对一切 $x\geqslant 1$,有 $f'(x)<0$.无论哪一种情况 f 都单调,所以 $a=b=c$.

情况 2 a,b,c 中至少有两个相等.不失一般性,假定 $b=c$.原方程可改写为

$$a^p-b^p=a^q-b^q=a^r-b^r.$$

如果 $a=b$,那么 $a=b=c$,证完.否则,如果 $a\neq b$,考虑函数 $g(x)=a^x-b^x$.那么

$g'(x)=a^x\ln a-b^x\ln b$. 如果 $a>b$, 那么 $\left(\dfrac{a}{b}\right)^x>1>\dfrac{\ln b}{\ln a}$, 所以 $g'(x)>0$. 类似地, 如果 $a<b$, 那么 $g'(x)<0$. 无论哪一种情况 g 都单调, 所以 $p=q=r$.

情况 3 a,b,c 各不相同, p,q,r 也各不相同. 不失一般性, 假定 $\max\{a,b,c\}=a$, $\max\{p,q,r\}=p$. 我们知道 $a,p\geqslant 3$. 我们需要一个引理:

引理 $a^p-(a-1)^p\geqslant 2a^{p-1}$.

引理的证明 首先, 考虑 $p=3$ 的情况. 不等式变为
$$3a^2-3a+1\geqslant 2a^2,$$
这由 $a\geqslant 3$ 这一事实推得. 现在考虑任何 $p>3$. 利用刚才证明的 $p=3$ 的情况, 注意到
$$(a-1)^p+2a^{p-1}=a^{p-3}[(a-1)^3+2a^2]\leqslant a^p.$$
于是引理得证.

现在, 注意到
$$a^p+b^q+c^r>a^p\geqslant (a-1)^p+2a^{p-1}>b^p+a^r+c^q.$$
这与已知矛盾. 于是, 这种情况不可能.

57. (Vasile Cartoaje, Mathematical Reflections) 设 a,b 是正实数, 且 $a+b=a^4+b^4$. 证明
$$a^ab^b\leqslant 1\leqslant a^{a^3}b^{b^3}.$$

证明 我们需要以下引理:

引理 对于任何正实数 x, 有 $\ln x\leqslant x-1$.

引理的证明 设 $f(x)=x-1-\ln x$. 因为 $f'(x)=\dfrac{x-1}{x}$, 我们有当且仅当 $x=1$ 时, $f'(x)=0$, 所以这是 f 的唯一的临界点. 因为当 $x<1$ 时, $f'(x)<0$; 当 $x>1$ 时, $f'(x)>0$, 我们知道 $f(1)$ 是 f 的最小值. 因为 $f(1)=0$, 我们得到 $f(x)\geqslant 0$, 这就是我们所需的. 取 $x=\dfrac{1}{a}$ 得到 $a^3\ln a\geqslant a^3-a^2$, 而取 $x=a$ 得到 $a\ln a\leqslant a^2-a$, 对于 b, 情况类似.

在两边取对数后, 原题等价于证明
$$a\ln a+b\ln b\leqslant 0\leqslant a^3\ln a+b^3\ln b.$$

只要证明, 如果 a 和 b 是正实数, 且 $a+b=a^4+b^4$, 那么 $a^3+b^3\geqslant a^2+b^2$ 和 $a^2+b^2\leqslant a+b$. 证明了最后两个不等式, 问题就结束了. 定义 $f(x)=a^x+b^x$. 我们知道 $f'(x)=a^x\ln a+b^x\ln b$, 于是 $f''(x)=a^x\ln^2 a+b^x\ln^2 b\geqslant 0$. 因为 $f(1)=f(4)$, 我们知道对一切 $x\in(1,4)$, 有 $f'(x)\leqslant 0$, 所以 $f(2)\leqslant f(1)\Leftrightarrow a^2+b^2\leqslant a+b$, 这就是所需的.

对另一个不等式, 我们断言 $8(a^4+b^4)\geqslant (a+b)^4$. 这由 Hölder 不等式推出, 或者对由 AM−GM 不等式得到的以下不等式求和:

$$3a^4 + b^4 \geqslant 4a^3 b$$
$$3a^4 + 3b^4 \geqslant 6a^2 b^2$$
$$a^4 + 3b^4 \geqslant 4ab^3$$

现在因为 $8(a+b) = 8(a^4 + b^4)$，我们得到 $a+b \leqslant 2$. 于是 $ab \leqslant 1$，所以

$$\begin{aligned}0 &\leqslant (a+b-a^2-b^2)(1-ab) \\ &= a^3 b - a^2 b - a^2 + ab^3 - ab^2 - b^2 + a + b \\ &= a^3 b - a^2 b - a^2 + ab^3 - ab^2 - b^2 + a^4 + b^4 \\ &= (a+b+1)(a^3 + b^3 - a^2 - b^2).\end{aligned}$$

因此 $a^3 + b^3 \geqslant a^2 + b^2$，这就是所需的. 两个不等式都变为当且仅当 $a=b=1$ 时，等号成立.

刘培杰数学工作室
已出版(即将出版)图书目录——初等数学

书 名	出版时间	定 价	编号
新编中学数学解题方法全书(高中版)上卷(第2版)	2018—08	58.00	951
新编中学数学解题方法全书(高中版)中卷(第2版)	2018—08	68.00	952
新编中学数学解题方法全书(高中版)下卷(一)(第2版)	2018—08	58.00	953
新编中学数学解题方法全书(高中版)下卷(二)(第2版)	2018—08	58.00	954
新编中学数学解题方法全书(高中版)下卷(三)(第2版)	2018—08	68.00	955
新编中学数学解题方法全书(初中版)上卷	2008—01	28.00	29
新编中学数学解题方法全书(初中版)中卷	2010—07	38.00	75
新编中学数学解题方法全书(高考复习卷)	2010—01	48.00	67
新编中学数学解题方法全书(高考真题卷)	2010—01	38.00	62
新编中学数学解题方法全书(高考精华卷)	2011—03	68.00	118
新编平面解析几何解题方法全书(专题讲座卷)	2010—01	18.00	61
新编中学数学解题方法全书(自主招生卷)	2013—08	88.00	261
数学奥林匹克与数学文化(第一辑)	2006—05	48.00	4
数学奥林匹克与数学文化(第二辑)(竞赛卷)	2008—01	48.00	19
数学奥林匹克与数学文化(第二辑)(文化卷)	2008—07	58.00	36'
数学奥林匹克与数学文化(第三辑)(竞赛卷)	2010—01	48.00	59
数学奥林匹克与数学文化(第四辑)(竞赛卷)	2011—08	58.00	87
数学奥林匹克与数学文化(第五辑)	2015—06	98.00	370
世界著名平面几何经典著作钩沉——几何作图专题卷(共3卷)	2022—01	198.00	1460
世界著名平面几何经典著作钩沉(民国平面几何老课本)	2011—03	38.00	113
世界著名平面几何经典著作钩沉(建国初期平面三角老课本)	2015—08	38.00	507
世界著名解析几何经典著作钩沉——平面解析几何卷	2014—01	38.00	264
世界著名数论经典著作钩沉(算术卷)	2012—01	28.00	125
世界著名数学经典著作钩沉——立体几何卷	2011—02	28.00	88
世界著名三角学经典著作钩沉(平面三角卷Ⅰ)	2010—06	28.00	69
世界著名三角学经典著作钩沉(平面三角卷Ⅱ)	2011—01	38.00	78
世界著名初等数论经典著作钩沉(理论和实用算术卷)	2011—07	38.00	126
世界著名几何经典著作钩沉(解析几何卷)	2022—10	68.00	1564
发展你的空间想象力(第3版)	2021—01	98.00	1464
空间想象力进阶	2019—05	68.00	1062
走向国际数学奥林匹克的平面几何试题诠释.第1卷	2019—07	88.00	1043
走向国际数学奥林匹克的平面几何试题诠释.第2卷	2019—09	78.00	1044
走向国际数学奥林匹克的平面几何试题诠释.第3卷	2019—03	78.00	1045
走向国际数学奥林匹克的平面几何试题诠释.第4卷	2019—09	98.00	1046
平面几何证明方法全书	2007—08	35.00	1
平面几何证明方法全书习题解答(第2版)	2006—12	18.00	10
平面几何天天练上卷·基础篇(直线型)	2013—01	58.00	208
平面几何天天练中卷·基础篇(涉及圆)	2013—01	28.00	234
平面几何天天练下卷·提高篇	2013—01	58.00	237
平面几何专题研究	2013—07	98.00	258
平面几何解题之道.第1卷	2022—05	38.00	1494
几何学习题集	2020—10	48.00	1217
通过解题学习代数几何	2021—04	88.00	1301
圆锥曲线的奥秘	2022—06	88.00	1541

刘培杰数学工作室
已出版(即将出版)图书目录——初等数学

书　名	出版时间	定　价	编号
最新世界各国数学奥林匹克中的平面几何试题	2007—09	38.00	14
数学竞赛平面几何典型题及新颖解	2010—07	48.00	74
初等数学复习及研究(平面几何)	2008—09	68.00	38
初等数学复习及研究(立体几何)	2010—06	38.00	71
初等数学复习及研究(平面几何)习题解答	2009—01	58.00	42
几何学教程(平面几何卷)	2011—03	68.00	90
几何学教程(立体几何卷)	2011—07	68.00	130
几何变换与几何证题	2010—06	88.00	70
计算方法与几何证题	2011—06	28.00	129
立体几何技巧与方法(第2版)	2022—10	168.00	1572
几何瑰宝——平面几何500名题暨1500条定理(上、下)	2021—07	168.00	1358
三角形的解法与应用	2012—07	18.00	183
近代的三角形几何学	2012—07	48.00	184
一般折线几何学	2015—08	48.00	503
三角形的五心	2009—06	28.00	51
三角形的六心及其应用	2015—10	68.00	542
三角形趣谈	2012—08	28.00	212
解三角形	2014—01	28.00	265
探秘三角形:一次数学旅行	2021—10	68.00	1387
三角学专门教程	2014—09	28.00	387
图天下几何新题试卷.初中(第2版)	2017—11	58.00	855
圆锥曲线习题集(上册)	2013—06	68.00	255
圆锥曲线习题集(中册)	2015—01	78.00	434
圆锥曲线习题集(下册·第1卷)	2016—10	78.00	683
圆锥曲线习题集(下册·第2卷)	2018—01	98.00	853
圆锥曲线习题集(下册·第3卷)	2019—10	128.00	1113
圆锥曲线的思想方法	2021—08	48.00	1379
圆锥曲线的八个主要问题	2021—10	48.00	1415
论九点圆	2015—05	88.00	645
近代欧氏几何学	2012—03	48.00	162
罗巴切夫斯基几何学及几何基础概要	2012—07	28.00	188
罗巴切夫斯基几何学初步	2015—06	28.00	474
用三角、解析几何、复数、向量计算解数学竞赛几何题	2015—03	48.00	455
用解析法研究圆锥曲线的几何理论	2022—05	48.00	1495
美国中学几何教程	2015—04	88.00	458
三线坐标与三角形特征点	2015—04	98.00	460
坐标几何学基础.第1卷,笛卡儿坐标	2021—08	48.00	1398
坐标几何学基础.第2卷,三线坐标	2021—09	28.00	1399
平面解析几何方法与研究(第1卷)	2015—05	18.00	471
平面解析几何方法与研究(第2卷)	2015—06	18.00	472
平面解析几何方法与研究(第3卷)	2015—07	18.00	473
解析几何研究	2015—01	38.00	425
解析几何学教程.上	2016—01	38.00	574
解析几何学教程.下	2016—01	38.00	575
几何学基础	2016—01	58.00	581
初等几何研究	2015—02	58.00	444
十九和二十世纪欧氏几何学中的片段	2017—01	58.00	696
平面几何中考.高考.奥数一本通	2017—07	28.00	820
几何学简史	2017—08	28.00	833
四面体	2018—01	48.00	880
平面几何证明方法思路	2018—12	68.00	913
折纸中的几何练习	2022—09	48.00	1559
中学新几何学(英文)	2022—10	98.00	1562

刘培杰数学工作室
已出版(即将出版)图书目录——初等数学

书　　名	出版时间	定　价	编号
平面几何图形特性新析.上篇	2019—01	68.00	911
平面几何图形特性新析.下篇	2018—06	88.00	912
平面几何范例多解探究.上篇	2018—04	48.00	910
平面几何范例多解探究.下篇	2018—12	68.00	914
从分析解题过程学解题:竞赛中的几何问题研究	2018—07	68.00	946
从分析解题过程学解题:竞赛中的向量几何与不等式研究(全2册)	2019—06	138.00	1090
从分析解题过程学解题:竞赛中的不等式问题	2021—01	48.00	1249
二维、三维欧氏几何的对偶原理	2018—12	38.00	990
星形大观及闭折线论	2019—03	68.00	1020
立体几何的问题和方法	2019—11	58.00	1127
三角代换论	2021—05	58.00	1313
俄罗斯平面几何问题集	2009—08	88.00	55
俄罗斯立体几何问题集	2014—05	58.00	283
俄罗斯几何大师——沙雷金论数学及其他	2014—01	48.00	271
来自俄罗斯的5000道几何习题及解答	2011—03	58.00	89
俄罗斯初等数学问题集	2012—05	38.00	177
俄罗斯函数问题集	2011—03	38.00	103
俄罗斯组合分析问题集	2011—01	48.00	79
俄罗斯初等数学万题选——三角卷	2012—11	38.00	222
俄罗斯初等数学万题选——代数卷	2013—08	68.00	225
俄罗斯初等数学万题选——几何卷	2014—01	68.00	226
俄罗斯《量子》杂志数学征解问题100题选	2018—08	48.00	969
俄罗斯《量子》杂志数学征解问题又100题选	2018—08	48.00	970
俄罗斯《量子》杂志数学征解问题	2020—05	48.00	1138
463个俄罗斯几何老问题	2012—01	28.00	152
《量子》数学短文精粹	2018—09	38.00	972
用三角、解析几何等计算解来自俄罗斯的几何题	2019—11	88.00	1119
基谢廖夫平面几何	2022—01	48.00	1461
数学:代数、数学分析和几何(10—11年级)	2021—01	48.00	1250
立体几何.10—11年级	2022—01	58.00	1472
直观几何学:5—6年级	2022—04	58.00	1508
平面几何:9—11年级	2022—10	48.00	1571

书　　名	出版时间	定　价	编号
谈谈素数	2011—03	18.00	91
平方和	2011—03	18.00	92
整数论	2011—05	38.00	120
从整数谈起	2015—10	28.00	538
数与多项式	2016—01	38.00	558
谈谈不定方程	2011—05	28.00	119
质数漫谈	2022—07	68.00	1529

书　　名	出版时间	定　价	编号
解析不等式新论	2009—06	68.00	48
建立不等式的方法	2011—03	98.00	104
数学奥林匹克不等式研究(第2版)	2020—07	68.00	1181
不等式研究(第二辑)	2012—02	68.00	153
不等式的秘密(第一卷)(第2版)	2014—02	38.00	286
不等式的秘密(第二卷)	2014—01	38.00	268
初等不等式的证明方法	2010—06	38.00	123
初等不等式的证明方法(第二版)	2014—11	38.00	407
不等式·理论·方法(基础卷)	2015—07	38.00	496
不等式·理论·方法(经典不等式卷)	2015—07	38.00	497
不等式·理论·方法(特殊类型不等式卷)	2015—07	48.00	498
不等式探究	2016—03	38.00	582
不等式探秘	2017—01	88.00	689
四面体不等式	2017—01	68.00	715
数学奥林匹克中常见重要不等式	2017—09	38.00	845

刘培杰数学工作室
已出版(即将出版)图书目录——初等数学

书 名	出版时间	定 价	编号
三正弦不等式	2018—09	98.00	974
函数方程与不等式:解法与稳定性结果	2019—04	68.00	1058
数学不等式.第1卷,对称多项式不等式	2022—05	78.00	1455
数学不等式.第2卷,对称有理不等式与对称无理不等式	2022—05	88.00	1456
数学不等式.第3卷,循环不等式与非循环不等式	2022—05	88.00	1457
数学不等式.第4卷,Jensen不等式的扩展与加细	2022—05	88.00	1458
数学不等式.第5卷,创建不等式与解不等式的其他方法	2022—05	88.00	1459
同余理论	2012—05	38.00	163
$[x]$与$\{x\}$	2015—04	48.00	476
极值与最值.上卷	2015—06	28.00	486
极值与最值.中卷	2015—06	38.00	487
极值与最值.下卷	2015—06	28.00	488
整数的性质	2012—11	38.00	192
完全平方数及其应用	2015—08	78.00	506
多项式理论	2015—10	88.00	541
奇数、偶数、奇偶分析法	2018—01	98.00	876
不定方程及其应用.上	2018—12	58.00	992
不定方程及其应用.中	2019—01	78.00	993
不定方程及其应用.下	2019—02	98.00	994
Nesbitt不等式加强式的研究	2022—06	128.00	1527
历届美国中学生数学竞赛试题及解答(第一卷)1950—1954	2014—07	18.00	277
历届美国中学生数学竞赛试题及解答(第二卷)1955—1959	2014—04	18.00	278
历届美国中学生数学竞赛试题及解答(第三卷)1960—1964	2014—06	18.00	279
历届美国中学生数学竞赛试题及解答(第四卷)1965—1969	2014—04	28.00	280
历届美国中学生数学竞赛试题及解答(第五卷)1970—1972	2014—06	18.00	281
历届美国中学生数学竞赛试题及解答(第六卷)1973—1980	2017—07	18.00	768
历届美国中学生数学竞赛试题及解答(第七卷)1981—1986	2015—01	18.00	424
历届美国中学生数学竞赛试题及解答(第八卷)1987—1990	2017—05	18.00	769
历届中国数学奥林匹克试题集(第3版)	2021—10	58.00	1440
历届加拿大数学奥林匹克试题集	2012—08	38.00	215
历届美国数学奥林匹克试题集:1972~2019	2020—04	88.00	1135
历届波兰数学竞赛试题集.第1卷,1949~1963	2015—03	18.00	453
历届波兰数学竞赛试题集.第2卷,1964~1976	2015—03	18.00	454
历届巴尔干数学奥林匹克试题集	2015—05	38.00	466
保加利亚数学奥林匹克	2014—10	38.00	393
圣彼得堡数学奥林匹克试题集	2015—01	38.00	429
匈牙利奥林匹克数学竞赛题解.第1卷	2016—05	28.00	593
匈牙利奥林匹克数学竞赛题解.第2卷	2016—05	28.00	594
历届美国数学邀请赛试题集(第2版)	2017—10	78.00	851
普林斯顿大学数学竞赛	2016—06	38.00	669
亚太地区数学奥林匹克竞赛题	2015—07	18.00	492
日本历届(初级)广中杯数学竞赛试题及解答.第1卷(2000~2007)	2016—05	28.00	641
日本历届(初级)广中杯数学竞赛试题及解答.第2卷(2008~2015)	2016—05	38.00	642
越南数学奥林匹克题选:1962—2009	2021—07	48.00	1370
360个数学竞赛问题	2016—08	58.00	677
奥数最佳实战题.上卷	2017—06	38.00	760
奥数最佳实战题.下卷	2017—05	58.00	761
哈尔滨市早期中学数学竞赛试题汇编	2016—07	28.00	672
全国高中数学联赛试题及解答:1981—2019(第4版)	2020—07	138.00	1176
2022年全国高中数学联合竞赛模拟题集	2022—06	30.00	1521
20世纪50年代全国部分城市数学竞赛试题汇编	2017—07	28.00	797

刘培杰数学工作室
已出版(即将出版)图书目录——初等数学

书 名	出版时间	定 价	编号
国内外数学竞赛题及精解:2018～2019	2020—08	45.00	1192
国内外数学竞赛题及精解:2019～2020	2021—11	58.00	1439
许康华竞赛优学精选集.第一辑	2018—08	68.00	949
天问叶班数学问题征解100题.Ⅰ,2016—2018	2019—05	88.00	1075
天问叶班数学问题征解100题.Ⅱ,2017—2019	2020—07	98.00	1177
美国初中数学竞赛:AMC8准备(共6卷)	2019—07	138.00	1089
美国高中数学竞赛:AMC10准备(共6卷)	2019—08	158.00	1105
王连笑教你怎样学数学:高考选择题解题策略与客观题实用训练	2014—01	48.00	262
王连笑教你怎样学数学:高考数学高层次讲座	2015—02	48.00	432
高考数学的理论与实践	2009—08	38.00	53
高考数学核心题型解题方法与技巧	2010—01	28.00	86
高考思维新平台	2014—03	38.00	259
高考数学压轴题解题诀窍(上)(第2版)	2018—01	58.00	874
高考数学压轴题解题诀窍(下)(第2版)	2018—01	48.00	875
北京市五区文科数学三年高考模拟题详解:2013～2015	2015—08	48.00	500
北京市五区理科数学三年高考模拟题详解:2013～2015	2015—09	68.00	505
向量法巧解数学高考题	2009—08	28.00	54
高中数学课堂教学的实践与反思	2021—11	48.00	791
数学高考参考	2016—01	78.00	589
新课程标准高考数学解答题各种题型解法指导	2020—08	78.00	1196
全国及各省市高考数学试题审题要津与解法研究	2015—02	48.00	450
高中数学章节起始课的教学研究与案例设计	2019—05	28.00	1064
新课标高考数学——五年试题分章详解(2007～2011)(上、下)	2011—10	78.00	140,141
全国中考数学压轴题审题要津与解法研究	2013—04	78.00	248
新编全国及各省市中考数学压轴题审题要津与解法研究	2014—05	58.00	342
全国及各省市5年中考数学压轴题审题要津与解法研究(2015版)	2015—04	58.00	462
中考数学专题总复习	2007—04	28.00	6
中考数学较难题常考题型解题方法与技巧	2016—09	48.00	681
中考数学难题常考题型解题方法与技巧	2016—09	48.00	682
中考数学中档题常考题型解题方法与技巧	2017—08	68.00	835
中考数学选择填空压轴好题妙解365	2017—05	38.00	759
中考数学:三类重点考题的解法例析与习题	2020—04	48.00	1140
中小学数学的历史文化	2019—11	48.00	1124
初中平面几何百题多思创新解	2020—01	58.00	1125
初中数学中考备考	2020—01	58.00	1126
高考数学之九章演义	2019—08	68.00	1044
高考数学之难题谈笑间	2022—06	68.00	1519
化学可以这样学:高中化学知识方法智慧感悟疑难辨析	2019—07	58.00	1103
如何成为学习高手	2019—09	58.00	1107
高考数学:经典真题分类解析	2020—04	78.00	1134
高考数学解答题破解策略	2020—11	58.00	1221
从分析解题过程学解题:高考压轴题与竞赛题之关系探究	2020—08	88.00	1179
教学新思考:单元整体视角下的初中数学教学设计	2021—03	58.00	1278
思维再拓展:2020年经典几何题的多解探究与思考	即将出版		1279
中考数学小压轴汇编初讲	2017—07	48.00	788
中考数学大压轴专题微言	2017—09	48.00	846
怎么解中考平面几何探索题	2019—06	48.00	1093
北京中考数学压轴题解题方法突破(第7版)	2021—11	68.00	1442
助你高考成功的数学解题智慧:知识是智慧的基础	2016—01	58.00	596
助你高考成功的数学解题智慧:错误是智慧的试金石	2016—04	58.00	643
助你高考成功的数学解题智慧:方法是智慧的推手	2016—04	68.00	657
高考数学奇思妙解	2016—04	38.00	610
高考数学解题策略	2016—05	48.00	670
数学解题泄天机(第2版)	2017—10	48.00	850

刘培杰数学工作室
已出版（即将出版）图书目录——初等数学

书 名	出版时间	定 价	编号
高考物理压轴题全解	2017—04	58.00	746
高中物理经典问题25讲	2017—05	28.00	764
高中物理教学讲义	2018—01	48.00	871
高中物理教学讲义：全模块	2022—03	98.00	1492
高中物理答疑解惑65篇	2021—11	48.00	1462
中学物理基础问题解析	2020—08	48.00	1183
2016年高考文科数学真题研究	2017—04	58.00	754
2016年高考理科数学真题研究	2017—04	78.00	755
2017年高考理科数学真题研究	2018—01	58.00	867
2017年高考文科数学真题研究	2018—01	48.00	868
初中数学、高中数学脱节知识补缺教材	2017—06	48.00	766
高考数学小题抢分必练	2017—10	48.00	834
高考数学核心素养解读	2017—09	38.00	839
高考数学客观题解题方法和技巧	2017—10	38.00	847
十年高考数学精品试题审题要津与解法研究	2021—10	98.00	1427
中国历届高考数学试题及解答.1949—1979	2018—01	38.00	877
历届中国高考数学试题及解答.第二卷,1980—1989	2018—10	28.00	975
历届中国高考数学试题及解答.第三卷,1990—1999	2018—10	48.00	976
数学文化与高考研究	2018—03	48.00	882
跟我学解高中数学题	2018—07	58.00	926
中学数学研究的方法及案例	2018—05	58.00	869
高考数学抢分技能	2018—07	68.00	934
高一新生常用数学方法和重要数学思想提升教材	2018—06	38.00	921
2018年高考数学真题研究	2019—01	68.00	1000
2019年高考数学真题研究	2020—05	88.00	1137
高考数学全国卷六道解答题常考题型解题诀窍：理科(全2册)	2019—07	78.00	1101
高考数学全国卷16道选择、填空题常考题型解题诀窍.理科	2018—09	88.00	971
高考数学全国卷16道选择、填空题常考题型解题诀窍.文科	2020—01	88.00	1123
高中数学一题多解	2019—06	58.00	1087
历届中国高考数学试题及解答:1917—1999	2021—08	98.00	1371
2000~2003年全国及各省市高考数学试题及解答	2022—05	88.00	1499
2004年全国及各省市高考数学试题及解答	2022—07	78.00	1500
突破高原:高中数学解题思维探究	2021—08	48.00	1375
高考数学中的"取值范围"	2021—10	48.00	1429
新课程标准高中数学各种题型解法大全.必修一分册	2021—06	58.00	1315
新课程标准高中数学各种题型解法大全.必修二分册	2022—01	68.00	1471
高中数学各种题型解法大全.选择性必修一分册	2022—06	68.00	1525
新编640个世界著名数学智力趣题	2014—01	88.00	242
500个最新世界著名数学智力趣题	2008—06	48.00	3
400个最新世界著名数学最值问题	2008—09	48.00	36
500个世界著名数学征解问题	2009—06	48.00	52
400个中国最佳初等数学征解老问题	2010—01	48.00	60
500个俄罗斯数学经典老题	2011—01	28.00	81
1000个国外中学物理好题	2012—04	48.00	174
300个日本高考数学题	2012—05	38.00	142
700个早期日本高考数学试题	2017—02	88.00	752
500个前苏联早期高考数学试题及解答	2012—05	28.00	185
546个早期俄罗斯大学生数学竞赛题	2014—03	38.00	285
548个来自美苏的数学好问题	2014—11	28.00	396
20所苏联著名大学早期入学试题	2015—02	18.00	452
161道德国工科大学生必做的微分方程习题	2015—05	28.00	469
500个德国工科大学生必做的高数习题	2015—06	28.00	478
360个数学竞赛问题	2016—08	58.00	677
200个趣味数学故事	2018—02	48.00	857
470个数学奥林匹克中的最值问题	2018—10	88.00	985
德国讲义日本考题.微积分卷	2015—04	48.00	456
德国讲义日本考题.微分方程卷	2015—04	38.00	457
二十世纪中叶中、英、美、日、法、俄高考数学试题精选	2017—06	38.00	783

刘培杰数学工作室
已出版（即将出版）图书目录——初等数学

书　　名	出版时间	定　价	编号
中国初等数学研究　2009卷(第1辑)	2009—05	20.00	45
中国初等数学研究　2010卷(第2辑)	2010—05	30.00	68
中国初等数学研究　2011卷(第3辑)	2011—07	60.00	127
中国初等数学研究　2012卷(第4辑)	2012—07	48.00	190
中国初等数学研究　2014卷(第5辑)	2014—02	48.00	288
中国初等数学研究　2015卷(第6辑)	2015—06	68.00	493
中国初等数学研究　2016卷(第7辑)	2016—04	68.00	609
中国初等数学研究　2017卷(第8辑)	2017—01	98.00	712
初等数学研究在中国.第1辑	2019—03	158.00	1024
初等数学研究在中国.第2辑	2019—10	158.00	1116
初等数学研究在中国.第3辑	2021—05	158.00	1306
初等数学研究在中国.第4辑	2022—06	158.00	1520
几何变换(Ⅰ)	2014—07	28.00	353
几何变换(Ⅱ)	2015—06	28.00	354
几何变换(Ⅲ)	2015—01	38.00	355
几何变换(Ⅳ)	2015—12	38.00	356
初等数论难题集(第一卷)	2009—05	68.00	44
初等数论难题集(第二卷)(上、下)	2011—02	128.00	82,83
数论概貌	2011—03	18.00	93
代数数论(第二版)	2013—08	58.00	94
代数多项式	2014—06	38.00	289
初等数论的知识与问题	2011—02	28.00	95
超越数论基础	2011—03	28.00	96
数论初等教程	2011—03	28.00	97
数论基础	2011—03	18.00	98
数论基础与维诺格拉多夫	2014—03	18.00	292
解析数论基础	2012—08	28.00	216
解析数论基础(第二版)	2014—01	48.00	287
解析数论问题集(第二版)(原版引进)	2014—05	88.00	343
解析数论问题集(第二版)(中译本)	2016—04	88.00	607
解析数论基础(潘承洞,潘承彪著)	2016—07	98.00	673
解析数论导引	2016—07	58.00	674
数论入门	2011—03	38.00	99
代数数论入门	2015—03	38.00	448
数论开篇	2012—07	28.00	194
解析数论引论	2011—03	48.00	100
Barban Davenport Halberstam 均值和	2009—01	40.00	33
基础数论	2011—03	28.00	101
初等数论100例	2011—05	18.00	122
初等数论经典例题	2012—07	18.00	204
最新世界各国数学奥林匹克中的初等数论试题(上、下)	2012—01	138.00	144,145
初等数论(Ⅰ)	2012—01	18.00	156
初等数论(Ⅱ)	2012—01	18.00	157
初等数论(Ⅲ)	2012—01	28.00	158

刘培杰数学工作室
已出版(即将出版)图书目录——初等数学

书　名	出版时间	定　价	编号
平面几何与数论中未解决的新老问题	2013—01	68.00	229
代数数论简史	2014—11	28.00	408
代数数论	2015—09	88.00	532
代数、数论及分析习题集	2016—11	98.00	695
数论导引提要及习题解答	2016—01	48.00	559
素数定理的初等证明.第2版	2016—09	48.00	686
数论中的模函数与狄利克雷级数(第二版)	2017—11	78.00	837
数论:数学导引	2018—01	68.00	849
范氏大代数	2019—02	98.00	1016
解析数学讲义.第一卷,导来式及微分、积分、级数	2019—04	88.00	1021
解析数学讲义.第二卷,关于几何的应用	2019—04	68.00	1022
解析数学讲义.第三卷,解析函数论	2019—04	78.00	1023
分析·组合·数论纵横谈	2019—04	58.00	1039
Hall 代数:民国时期的中学数学课本:英文	2019—08	88.00	1106
基谢廖夫初等代数	2022—07	38.00	1531
数学精神巡礼	2019—01	58.00	731
数学眼光透视(第2版)	2017—06	78.00	732
数学思想领悟(第2版)	2018—01	68.00	733
数学方法溯源(第2版)	2018—08	68.00	734
数学解题引论	2017—05	58.00	735
数学史话览胜(第2版)	2017—01	48.00	736
数学应用展观(第2版)	2017—08	68.00	737
数学建模尝试	2018—04	48.00	738
数学竞赛采风	2018—01	68.00	739
数学测评探营	2019—05	58.00	740
数学技能操握	2018—03	48.00	741
数学欣赏拾趣	2018—02	48.00	742
从毕达哥拉斯到怀尔斯	2007—10	48.00	9
从迪利克雷到维斯卡尔迪	2008—01	48.00	21
从哥德巴赫到陈景润	2008—05	98.00	35
从庞加莱到佩雷尔曼	2011—08	138.00	136
博弈论精粹	2008—03	58.00	30
博弈论精粹.第二版(精装)	2015—01	88.00	461
数学 我爱你	2008—01	28.00	20
精神的圣徒 别样的人生——60位中国数学家成长的历程	2008—09	48.00	39
数学史概论	2009—06	78.00	50
数学史概论(精装)	2013—03	158.00	272
数学史选讲	2016—01	48.00	544
斐波那契数列	2010—02	28.00	65
数学拼盘和斐波那契魔方	2010—07	38.00	72
斐波那契数列欣赏(第2版)	2018—08	58.00	948
Fibonacci 数列中的明珠	2018—06	58.00	928
数学的创造	2011—02	48.00	85
数学美与创造力	2016—01	48.00	595
数海拾贝	2016—01	48.00	590
数学中的美(第2版)	2019—04	68.00	1057
数论中的美学	2014—12	38.00	351

刘培杰数学工作室
已出版(即将出版)图书目录——初等数学

书　　名	出版时间	定　价	编号
数学王者　科学巨人——高斯	2015—01	28.00	428
振兴祖国数学的圆梦之旅:中国初等数学研究史话	2015—06	98.00	490
二十世纪中国数学史料研究	2015—10	48.00	536
数字谜、数阵图与棋盘覆盖	2016—01	58.00	298
时间的形状	2016—01	38.00	556
数学发现的艺术:数学探索中的合情推理	2016—07	58.00	671
活跃在数学中的参数	2016—07	48.00	675
数海趣史	2021—05	98.00	1314
数学解题——靠数学思想给力(上)	2011—07	38.00	131
数学解题——靠数学思想给力(中)	2011—07	48.00	132
数学解题——靠数学思想给力(下)	2011—07	38.00	133
我怎样解题	2013—01	48.00	227
数学解题中的物理方法	2011—06	28.00	114
数学解题的特殊方法	2011—06	48.00	115
中学数学计算技巧(第2版)	2020—10	48.00	1220
中学数学证明方法	2012—01	58.00	117
数学趣题巧解	2012—03	28.00	128
高中数学教学通鉴	2015—05	58.00	479
和高中生漫谈:数学与哲学的故事	2014—08	28.00	369
算术问题集	2017—03	38.00	789
张教授讲数学	2018—07	38.00	933
陈永明实话实说数学教学	2020—04	68.00	1132
中学数学学科知识与教学能力	2020—06	58.00	1155
怎样把课讲好:大罕数学教学随笔	2022—03	58.00	1484
中国高考评价体系下高考数学探秘	2022—03	48.00	1487
自主招生考试中的参数方程问题	2015—01	28.00	435
自主招生考试中的极坐标问题	2015—04	28.00	463
近年全国重点大学自主招生数学试题全解及研究.华约卷	2015—02	38.00	441
近年全国重点大学自主招生数学试题全解及研究.北约卷	2016—05	38.00	619
自主招生数学解证宝典	2015—09	48.00	535
中国科学技术大学创新班数学真题解析	2022—03	48.00	1488
中国科学技术大学创新班物理真题解析	2022—03	58.00	1489
格点和面积	2012—07	18.00	191
射影几何趣谈	2012—04	28.00	175
斯潘纳尔引理——从一道加拿大数学奥林匹克试题谈起	2014—01	28.00	228
李普希兹条件——从几道近年高考数学试题谈起	2012—10	18.00	221
拉格朗日中值定理——从一道北京高考试题的解法谈起	2015—10	18.00	197
闵科夫斯基定理——从一道清华大学自主招生试题谈起	2014—01	28.00	198
哈尔测度——从一道冬令营试题的背景谈起	2012—08	28.00	202
切比雪夫逼近问题——从一道中国台北数学奥林匹克试题谈起	2013—04	38.00	238
伯恩斯坦多项式与贝齐尔曲面——从一道全国高中数学联赛试题谈起	2013—03	38.00	236
卡塔兰猜想——从一道普特南竞赛试题谈起	2013—06	18.00	256
麦卡锡函数和阿克曼函数——从一道前南斯拉夫数学奥林匹克试题谈起	2012—08	18.00	201
贝蒂定理与拉姆贝克莫斯尔定理——从一个拣石子游戏谈起	2012—08	18.00	217
皮亚诺曲线和豪斯道夫分球定理——从无限集谈起	2012—08	18.00	211
平面凸图形与凸多面体	2012—10	28.00	218
斯坦因豪斯问题——从一道二十五省市自治区中学数学竞赛试题谈起	2012—07	18.00	196

刘培杰数学工作室
已出版（即将出版）图书目录——初等数学

书　名	出版时间	定价	编号
纽结理论中的亚历山大多项式与琼斯多项式——从一道北京市高一数学竞赛试题谈起	2012—07	28.00	195
原则与策略——从波利亚"解题表"谈起	2013—04	38.00	244
转化与化归——从三大尺规作图不能问题谈起	2012—08	28.00	214
代数几何中的贝祖定理（第一版）——从一道 IMO 试题的解法谈起	2013—08	18.00	193
成功连贯理论与约当块理论——从一道比利时数学竞赛试题谈起	2012—04	18.00	180
素数判定与大数分解	2014—08	18.00	199
置换多项式及其应用	2012—10	18.00	220
椭圆函数与模函数——从一道美国加州大学洛杉矶分校（UCLA）博士资格考题谈起	2012—10	28.00	219
差分方程的拉格朗日方法——从一道 2011 年全国高考理科试题的解法谈起	2012—08	28.00	200
力学在几何中的一些应用	2013—01	38.00	240
从根式解到伽罗华理论	2020—01	48.00	1121
康托洛维奇不等式——从一道全国高中联赛试题谈起	2013—03	28.00	337
西格尔引理——从一道第 18 届 IMO 试题的解法谈起	即将出版		
罗斯定理——从一道前苏联数学竞赛试题谈起	即将出版		
拉克斯定理和阿廷定理——从一道 IMO 试题的解法谈起	2014—01	58.00	246
毕卡大定理——从一道美国大学数学竞赛试题谈起	2014—07	18.00	350
贝齐尔曲线——从一道全国高中联赛试题谈起	即将出版		
拉格朗日乘子定理——从一道 2005 年全国高中联赛试题的高等数学解法谈起	2015—05	28.00	480
雅可比定理——从一道日本数学奥林匹克试题谈起	2013—04	48.00	249
李天岩—约克定理——从一道波兰数学竞赛试题谈起	2014—06	28.00	349
整系数多项式因式分解的一般方法——从克朗耐克算法谈起	即将出版		
布劳维不动点定理——从一道前苏联数学奥林匹克试题谈起	2014—01	38.00	273
伯恩赛德定理——从一道英国数学奥林匹克试题谈起	即将出版		
布查特—莫斯特定理——从一道上海市初中竞赛试题谈起	即将出版		
数论中的同余数问题——从一道普特南竞赛试题谈起	即将出版		
范·德蒙行列式——从一道美国数学奥林匹克试题谈起	即将出版		
中国剩余定理:总数法构建中国历史年表	2015—01	28.00	430
牛顿程序与方程求根——从一道全国高考试题解法谈起	即将出版		
库默尔定理——从一道 IMO 预选试题谈起	即将出版		
卢丁定理——从一道冬令营试题的解法谈起	即将出版		
沃斯滕霍姆定理——从一道 IMO 预选试题谈起	即将出版		
卡尔松不等式——从一道莫斯科数学奥林匹克试题谈起	即将出版		
信息论中的香农熵——从一道近年高考压轴题谈起	即将出版		
约当不等式——从一道希望杯竞赛试题谈起	即将出版		
拉比诺维奇定理	即将出版		
刘维尔定理——从一道《美国数学月刊》征解问题的解法谈起	即将出版		
卡塔兰恒等式与级数求和——从一道 IMO 试题的解法谈起	即将出版		
勒让德猜想与素数分布——从一道爱尔兰竞赛试题谈起	即将出版		
天平称重与信息论——从一道基辅市数学奥林匹克试题谈起	即将出版		
哈密尔顿—凯莱定理:从一道高中数学联赛试题的解法谈起	2014—09	18.00	376
艾思特曼定理——从一道 CMO 试题的解法谈起	即将出版		

刘培杰数学工作室
已出版(即将出版)图书目录——初等数学

书　名	出版时间	定　价	编号
阿贝尔恒等式与经典不等式及应用	2018—06	98.00	923
迪利克雷除数问题	2018—07	48.00	930
幻方、幻立方与拉丁方	2019—08	48.00	1092
帕斯卡三角形	2014—03	18.00	294
蒲丰投针问题——从2009年清华大学的一道自主招生试题谈起	2014—01	38.00	295
斯图姆定理——从一道"华约"自主招生试题的解法谈起	2014—01	18.00	296
许瓦兹引理——从一道加利福尼亚大学伯克利分校数学系博士生试题谈起	2014—08	18.00	297
拉姆塞定理——从王诗宬院士的一个问题谈起	2016—04	48.00	299
坐标法	2013—12	28.00	332
数论三角形	2014—04	38.00	341
毕克定理	2014—07	18.00	352
数林掠影	2014—09	48.00	389
我们周围的概率	2014—10	38.00	390
凸函数最值定理:从一道华约自主招生题的解法谈起	2014—10	28.00	391
易学与数学奥林匹克	2014—10	38.00	392
生物数学趣谈	2015—01	18.00	409
反演	2015—01	28.00	420
因式分解与圆锥曲线	2015—01	18.00	426
轨迹	2015—01	28.00	427
面积原理:从常庚哲命的一道CMO试题的积分解法谈起	2015—01	48.00	431
形形色色的不动点定理:从一道28届IMO试题谈起	2015—01	38.00	439
柯西函数方程:从一道上海交大自主招生的试题谈起	2015—02	28.00	440
三角恒等式	2015—02	28.00	442
无理性判定:从一道2014年"北约"自主招生试题谈起	2015—01	38.00	443
数学归纳法	2015—03	18.00	451
极端原理与解题	2015—04	28.00	464
法雷级数	2014—08	18.00	367
摆线族	2015—01	38.00	438
函数方程及其解法	2015—05	38.00	470
含参数的方程和不等式	2012—09	28.00	213
希尔伯特第十问题	2016—01	38.00	543
无穷小量的求和	2016—01	28.00	545
切比雪夫多项式:从一道清华大学金秋营试题谈起	2016—01	38.00	583
泽肯多夫定理	2016—03	38.00	599
代数等式证题法	2016—01	28.00	600
三角等式证题法	2016—01	28.00	601
吴大任教授藏书中的一个因式分解公式:从一道美国数学邀请赛试题的解法谈起	2016—06	28.00	656
易卦——类万物的数学模型	2017—08	68.00	838
"不可思议"的数与数系可持续发展	2018—01	38.00	878
最短线	2018—01	38.00	879
幻方和魔方(第一卷)	2012—05	68.00	173
尘封的经典——初等数学经典文献选读(第一卷)	2012—07	48.00	205
尘封的经典——初等数学经典文献选读(第二卷)	2012—07	38.00	206
初级方程式论	2011—03	28.00	106
初等数学研究(Ⅰ)	2008—09	68.00	37
初等数学研究(Ⅱ)(上、下)	2009—05	118.00	46,47
初等数学专题研究	2022—10	68.00	1568

刘培杰数学工作室
已出版(即将出版)图书目录——初等数学

书　名	出版时间	定　价	编号
趣味初等方程妙题集锦	2014—09	48.00	388
趣味初等数论选美与欣赏	2015—02	48.00	445
耕读笔记(上卷):一位农民数学爱好者的初数探索	2015—04	28.00	459
耕读笔记(中卷):一位农民数学爱好者的初数探索	2015—05	28.00	483
耕读笔记(下卷):一位农民数学爱好者的初数探索	2015—05	28.00	484
几何不等式研究与欣赏.上卷	2016—01	88.00	547
几何不等式研究与欣赏.下卷	2016—01	48.00	552
初等数列研究与欣赏·上	2016—01	48.00	570
初等数列研究与欣赏·下	2016—01	48.00	571
趣味初等函数研究与欣赏.上	2016—09	48.00	684
趣味初等函数研究与欣赏.下	2018—09	48.00	685
三角不等式研究与欣赏	2020—10	68.00	1197
新编平面解析几何解题方法研究与欣赏	2021—10	78.00	1426
火柴游戏(第2版)	2022—05	38.00	1493
智力解谜.第1卷	2017—07	38.00	613
智力解谜.第2卷	2017—07	38.00	614
故事智力	2016—07	48.00	615
名人们喜欢的智力问题	2020—01	48.00	616
数学大师的发现、创造与失误	2018—01	48.00	617
异曲同工	2018—09	48.00	618
数学的味道	2018—01	58.00	798
数学千字文	2018—10	68.00	977
数贝偶拾——高考数学题研究	2014—04	28.00	274
数贝偶拾——初等数学研究	2014—04	38.00	275
数贝偶拾——奥数题研究	2014—04	48.00	276
钱昌本教你快乐学数学(上)	2011—12	48.00	155
钱昌本教你快乐学数学(下)	2012—03	58.00	171
集合、函数与方程	2014—01	28.00	300
数列与不等式	2014—01	38.00	301
三角与平面向量	2014—01	28.00	302
平面解析几何	2014—01	38.00	303
立体几何与组合	2014—01	28.00	304
极限与导数、数学归纳法	2014—01	38.00	305
趣味数学	2014—03	28.00	306
教材教法	2014—04	68.00	307
自主招生	2014—05	58.00	308
高考压轴题(上)	2015—01	48.00	309
高考压轴题(下)	2014—10	68.00	310
从费马到怀尔斯——费马大定理的历史	2013—10	198.00	I
从庞加莱到佩雷尔曼——庞加莱猜想的历史	2013—10	298.00	II
从切比雪夫到爱尔特希(上)——素数定理的初等证明	2013—07	48.00	III
从切比雪夫到爱尔特希(下)——素数定理100年	2012—12	98.00	III
从高斯到盖尔方特——二次域的高斯猜想	2013—10	198.00	IV
从库默尔到朗兰兹——朗兰兹猜想的历史	2014—01	98.00	V
从比勃巴赫到德布朗斯——比勃巴赫猜想的历史	2014—02	298.00	VI
从麦比乌斯到陈省身——麦比乌斯变换与麦比乌斯带	2014—02	298.00	VII
从布尔到豪斯道夫——布尔方程与格论漫谈	2013—10	198.00	VIII
从开普勒到阿诺德——三体问题的历史	2014—05	298.00	IX
从华林到华罗庚——华林问题的历史	2013—10	298.00	X

刘培杰数学工作室
已出版(即将出版)图书目录——初等数学

书　名	出版时间	定　价	编号
美国高中数学竞赛五十讲.第1卷(英文)	2014—08	28.00	357
美国高中数学竞赛五十讲.第2卷(英文)	2014—08	28.00	358
美国高中数学竞赛五十讲.第3卷(英文)	2014—09	28.00	359
美国高中数学竞赛五十讲.第4卷(英文)	2014—09	28.00	360
美国高中数学竞赛五十讲.第5卷(英文)	2014—10	28.00	361
美国高中数学竞赛五十讲.第6卷(英文)	2014—11	28.00	362
美国高中数学竞赛五十讲.第7卷(英文)	2014—12	28.00	363
美国高中数学竞赛五十讲.第8卷(英文)	2015—01	28.00	364
美国高中数学竞赛五十讲.第9卷(英文)	2015—01	28.00	365
美国高中数学竞赛五十讲.第10卷(英文)	2015—02	38.00	366
三角函数(第2版)	2017—04	38.00	626
不等式	2014—01	38.00	312
数列	2014—01	38.00	313
方程(第2版)	2017—04	38.00	624
排列和组合	2014—01	28.00	315
极限与导数(第2版)	2016—04	38.00	635
向量(第2版)	2018—08	58.00	627
复数及其应用	2014—08	28.00	318
函数	2014—01	38.00	319
集合	2020—01	48.00	320
直线与平面	2014—01	28.00	321
立体几何(第2版)	2016—04	38.00	629
解三角形	即将出版		323
直线与圆(第2版)	2016—11	38.00	631
圆锥曲线(第2版)	2016—09	48.00	632
解题通法(一)	2014—07	38.00	326
解题通法(二)	2014—07	38.00	327
解题通法(三)	2014—05	38.00	328
概率与统计	2014—01	28.00	329
信息迁移与算法	即将出版		330
IMO 50年.第1卷(1959—1963)	2014—11	28.00	377
IMO 50年.第2卷(1964—1968)	2014—11	28.00	378
IMO 50年.第3卷(1969—1973)	2014—09	28.00	379
IMO 50年.第4卷(1974—1978)	2016—04	38.00	380
IMO 50年.第5卷(1979—1984)	2015—04	38.00	381
IMO 50年.第6卷(1985—1989)	2015—04	58.00	382
IMO 50年.第7卷(1990—1994)	2016—01	48.00	383
IMO 50年.第8卷(1995—1999)	2016—06	38.00	384
IMO 50年.第9卷(2000—2004)	2015—04	58.00	385
IMO 50年.第10卷(2005—2009)	2016—01	48.00	386
IMO 50年.第11卷(2010—2015)	2017—03	48.00	646

刘培杰数学工作室
已出版（即将出版）图书目录——初等数学

书　名	出版时间	定　价	编号
数学反思(2006—2007)	2020—09	88.00	915
数学反思(2008—2009)	2019—01	68.00	917
数学反思(2010—2011)	2018—05	58.00	916
数学反思(2012—2013)	2019—01	58.00	918
数学反思(2014—2015)	2019—03	78.00	919
数学反思(2016—2017)	2021—03	58.00	1286
历届美国大学生数学竞赛试题集.第一卷(1938—1949)	2015—01	28.00	397
历届美国大学生数学竞赛试题集.第二卷(1950—1959)	2015—01	28.00	398
历届美国大学生数学竞赛试题集.第三卷(1960—1969)	2015—01	28.00	399
历届美国大学生数学竞赛试题集.第四卷(1970—1979)	2015—01	18.00	400
历届美国大学生数学竞赛试题集.第五卷(1980—1989)	2015—01	28.00	401
历届美国大学生数学竞赛试题集.第六卷(1990—1999)	2015—01	28.00	402
历届美国大学生数学竞赛试题集.第七卷(2000—2009)	2015—08	18.00	403
历届美国大学生数学竞赛试题集.第八卷(2010—2012)	2015—01	18.00	404
新课标高考数学创新题解题诀窍：总论	2014—09	28.00	372
新课标高考数学创新题解题诀窍：必修 1~5 分册	2014—08	38.00	373
新课标高考数学创新题解题诀窍：选修 2—1,2—2,1—1,1—2 分册	2014—09	38.00	374
新课标高考数学创新题解题诀窍：选修 2—3,4—4,4—5 分册	2014—09	18.00	375
全国重点大学自主招生英文数学试题全攻略：词汇卷	2015—07	48.00	410
全国重点大学自主招生英文数学试题全攻略：概念卷	2015—01	28.00	411
全国重点大学自主招生英文数学试题全攻略：文章选读卷(上)	2016—09	38.00	412
全国重点大学自主招生英文数学试题全攻略：文章选读卷(下)	2017—01	58.00	413
全国重点大学自主招生英文数学试题全攻略：试题卷	2015—07	38.00	414
全国重点大学自主招生英文数学试题全攻略：名著欣赏卷	2017—03	48.00	415
劳埃德数学趣题大全.题目卷.1:英文	2016—01	18.00	516
劳埃德数学趣题大全.题目卷.2:英文	2016—01	18.00	517
劳埃德数学趣题大全.题目卷.3:英文	2016—01	18.00	518
劳埃德数学趣题大全.题目卷.4:英文	2016—01	18.00	519
劳埃德数学趣题大全.题目卷.5:英文	2016—01	18.00	520
劳埃德数学趣题大全.答案卷:英文	2016—01	18.00	521
李成章教练奥数笔记.第 1 卷	2016—01	48.00	522
李成章教练奥数笔记.第 2 卷	2016—01	48.00	523
李成章教练奥数笔记.第 3 卷	2016—01	38.00	524
李成章教练奥数笔记.第 4 卷	2016—01	38.00	525
李成章教练奥数笔记.第 5 卷	2016—01	38.00	526
李成章教练奥数笔记.第 6 卷	2016—01	38.00	527
李成章教练奥数笔记.第 7 卷	2016—01	38.00	528
李成章教练奥数笔记.第 8 卷	2016—01	48.00	529
李成章教练奥数笔记.第 9 卷	2016—01	28.00	530

刘培杰数学工作室
已出版(即将出版)图书目录——初等数学

书 名	出版时间	定 价	编号
第19~23届"希望杯"全国数学邀请赛试题审题要津详细评注(初一版)	2014—03	28.00	333
第19~23届"希望杯"全国数学邀请赛试题审题要津详细评注(初二、初三版)	2014—03	38.00	334
第19~23届"希望杯"全国数学邀请赛试题审题要津详细评注(高一版)	2014—03	28.00	335
第19~23届"希望杯"全国数学邀请赛试题审题要津详细评注(高二版)	2014—03	38.00	336
第19~25届"希望杯"全国数学邀请赛试题审题要津详细评注(初一版)	2015—01	38.00	416
第19~25届"希望杯"全国数学邀请赛试题审题要津详细评注(初二、初三版)	2015—01	58.00	417
第19~25届"希望杯"全国数学邀请赛试题审题要津详细评注(高一版)	2015—01	48.00	418
第19~25届"希望杯"全国数学邀请赛试题审题要津详细评注(高二版)	2015—01	48.00	419
物理奥林匹克竞赛大题典——力学卷	2014—11	48.00	405
物理奥林匹克竞赛大题典——热学卷	2014—04	28.00	339
物理奥林匹克竞赛大题典——电磁学卷	2015—07	48.00	406
物理奥林匹克竞赛大题典——光学与近代物理卷	2014—06	28.00	345
历届中国东南地区数学奥林匹克试题集(2004~2012)	2014—06	18.00	346
历届中国西部地区数学奥林匹克试题集(2001~2012)	2014—07	18.00	347
历届中国女子数学奥林匹克试题集(2002~2012)	2014—08	18.00	348
数学奥林匹克在中国	2014—06	98.00	344
数学奥林匹克问题集	2014—01	38.00	267
数学奥林匹克不等式散论	2010—06	38.00	124
数学奥林匹克不等式欣赏	2011—09	38.00	138
数学奥林匹克超级题库(初中卷上)	2010—01	58.00	66
数学奥林匹克不等式证明方法和技巧(上、下)	2011—08	158.00	134,135
他们学什么:原民主德国中学数学课本	2016—09	38.00	658
他们学什么:英国中学数学课本	2016—09	38.00	659
他们学什么:法国中学数学课本.1	2016—09	38.00	660
他们学什么:法国中学数学课本.2	2016—09	28.00	661
他们学什么:法国中学数学课本.3	2016—09	38.00	662
他们学什么:苏联中学数学课本	2016—09	28.00	679
高中数学题典——集合与简易逻辑·函数	2016—07	48.00	647
高中数学题典——导数	2016—07	48.00	648
高中数学题典——三角函数·平面向量	2016—07	48.00	649
高中数学题典——数列	2016—07	58.00	650
高中数学题典——不等式·推理与证明	2016—07	38.00	651
高中数学题典——立体几何	2016—07	48.00	652
高中数学题典——平面解析几何	2016—07	78.00	653
高中数学题典——计数原理·统计·概率·复数	2016—07	48.00	654
高中数学题典——算法·平面几何·初等数论·组合数学·其他	2016—07	68.00	655

刘培杰数学工作室
已出版(即将出版)图书目录——初等数学

书　名	出版时间	定　价	编号
台湾地区奥林匹克数学竞赛试题.小学一年级	2017—03	38.00	722
台湾地区奥林匹克数学竞赛试题.小学二年级	2017—03	38.00	723
台湾地区奥林匹克数学竞赛试题.小学三年级	2017—03	38.00	724
台湾地区奥林匹克数学竞赛试题.小学四年级	2017—03	38.00	725
台湾地区奥林匹克数学竞赛试题.小学五年级	2017—03	38.00	726
台湾地区奥林匹克数学竞赛试题.小学六年级	2017—03	38.00	727
台湾地区奥林匹克数学竞赛试题.初中一年级	2017—03	38.00	728
台湾地区奥林匹克数学竞赛试题.初中二年级	2017—03	38.00	729
台湾地区奥林匹克数学竞赛试题.初中三年级	2017—03	28.00	730
不等式证题法	2017—04	28.00	747
平面几何培优教程	2019—08	88.00	748
奥数鼎级培优教程.高一分册	2018—09	88.00	749
奥数鼎级培优教程.高二分册.上	2018—04	68.00	750
奥数鼎级培优教程.高二分册.下	2018—04	68.00	751
高中数学竞赛冲刺宝典	2019—04	68.00	883
初中尖子生数学超级题典.实数	2017—07	58.00	792
初中尖子生数学超级题典.式、方程与不等式	2017—08	58.00	793
初中尖子生数学超级题典.圆、面积	2017—08	38.00	794
初中尖子生数学超级题典.函数、逻辑推理	2017—08	48.00	795
初中尖子生数学超级题典.角、线段、三角形与多边形	2017—07	58.00	796
数学王子——高斯	2018—01	48.00	858
坎坷奇星——阿贝尔	2018—01	48.00	859
闪烁奇星——伽罗瓦	2018—01	58.00	860
无穷统帅——康托尔	2018—01	48.00	861
科学公主——柯瓦列夫斯卡娅	2018—01	48.00	862
抽象代数之母——埃米·诺特	2018—01	48.00	863
电脑先驱——图灵	2018—01	58.00	864
昔日神童——维纳	2018—01	48.00	865
数坛怪侠——爱尔特希	2018—01	68.00	866
传奇数学家徐利治	2019—09	88.00	1110
当代世界中的数学.数学思想与数学基础	2019—01	38.00	892
当代世界中的数学.数学问题	2019—01	38.00	893
当代世界中的数学.应用数学与数学应用	2019—01	38.00	894
当代世界中的数学.数学王国的新疆域(一)	2019—01	38.00	895
当代世界中的数学.数学王国的新疆域(二)	2019—01	38.00	896
当代世界中的数学.数林撷英(一)	2019—01	38.00	897
当代世界中的数学.数林撷英(二)	2019—01	48.00	898
当代世界中的数学.数学之路	2019—01	38.00	899

刘培杰数学工作室
已出版(即将出版)图书目录——初等数学

书　名	出版时间	定价	编号
105个代数问题:来自AwesomeMath夏季课程	2019—02	58.00	956
106个几何问题:来自AwesomeMath夏季课程	2020—07	58.00	957
107个几何问题:来自AwesomeMath全年课程	2020—07	58.00	958
108个代数问题:来自AwesomeMath全年课程	2019—01	68.00	959
109个不等式:来自AwesomeMath夏季课程	2019—04	58.00	960
国际数学奥林匹克中的110个几何问题	即将出版		961
111个代数和数论问题	2019—05	58.00	962
112个组合问题:来自AwesomeMath夏季课程	2019—05	58.00	963
113个几何不等式:来自AwesomeMath夏季课程	2020—08	58.00	964
114个指数和对数问题:来自AwesomeMath夏季课程	2019—09	48.00	965
115个三角问题:来自AwesomeMath夏季课程	2019—09	58.00	966
116个代数不等式:来自AwesomeMath全年课程	2019—04	58.00	967
117个多项式问题:来自AwesomeMath夏季课程	2021—09	58.00	1409
118个数学竞赛不等式	2022—08	78.00	1526
紫色彗星国际数学竞赛试题	2019—02	58.00	999
数学竞赛中的数学:为数学爱好者、父母、教师和教练准备的丰富资源.第一部	2020—04	58.00	1141
数学竞赛中的数学:为数学爱好者、父母、教师和教练准备的丰富资源.第二部	2020—07	48.00	1142
和与积	2020—10	38.00	1219
数论:概念和问题	2020—12	68.00	1257
初等数学问题研究	2021—03	48.00	1270
数学奥林匹克中的欧几里得几何	2021—10	68.00	1413
数学奥林匹克题解新编	2022—01	58.00	1430
图论入门	2022—09	58.00	1554
澳大利亚中学数学竞赛试题及解答(初级卷)1978~1984	2019—02	28.00	1002
澳大利亚中学数学竞赛试题及解答(初级卷)1985~1991	2019—02	28.00	1003
澳大利亚中学数学竞赛试题及解答(初级卷)1992~1998	2019—02	28.00	1004
澳大利亚中学数学竞赛试题及解答(初级卷)1999~2005	2019—02	28.00	1005
澳大利亚中学数学竞赛试题及解答(中级卷)1978~1984	2019—03	28.00	1006
澳大利亚中学数学竞赛试题及解答(中级卷)1985~1991	2019—03	28.00	1007
澳大利亚中学数学竞赛试题及解答(中级卷)1992~1998	2019—03	28.00	1008
澳大利亚中学数学竞赛试题及解答(中级卷)1999~2005	2019—03	28.00	1009
澳大利亚中学数学竞赛试题及解答(高级卷)1978~1984	2019—05	28.00	1010
澳大利亚中学数学竞赛试题及解答(高级卷)1985~1991	2019—05	28.00	1011
澳大利亚中学数学竞赛试题及解答(高级卷)1992~1998	2019—05	28.00	1012
澳大利亚中学数学竞赛试题及解答(高级卷)1999~2005	2019—05	28.00	1013
天才中小学生智力测验题.第一卷	2019—03	38.00	1026
天才中小学生智力测验题.第二卷	2019—03	38.00	1027
天才中小学生智力测验题.第三卷	2019—03	38.00	1028
天才中小学生智力测验题.第四卷	2019—03	38.00	1029
天才中小学生智力测验题.第五卷	2019—03	38.00	1030
天才中小学生智力测验题.第六卷	2019—03	38.00	1031
天才中小学生智力测验题.第七卷	2019—03	38.00	1032
天才中小学生智力测验题.第八卷	2019—03	38.00	1033
天才中小学生智力测验题.第九卷	2019—03	38.00	1034
天才中小学生智力测验题.第十卷	2019—03	38.00	1035
天才中小学生智力测验题.第十一卷	2019—03	38.00	1036
天才中小学生智力测验题.第十二卷	2019—03	38.00	1037
天才中小学生智力测验题.第十三卷	2019—03	38.00	1038

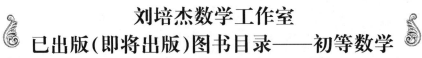

刘培杰数学工作室
已出版(即将出版)图书目录——初等数学

书　　名	出版时间	定　价	编号
重点大学自主招生数学备考全书:函数	2020—05	48.00	1047
重点大学自主招生数学备考全书:导数	2020—08	48.00	1048
重点大学自主招生数学备考全书:数列与不等式	2019—10	78.00	1049
重点大学自主招生数学备考全书:三角函数与平面向量	2020—08	68.00	1050
重点大学自主招生数学备考全书:平面解析几何	2020—07	58.00	1051
重点大学自主招生数学备考全书:立体几何与平面几何	2019—08	48.00	1052
重点大学自主招生数学备考全书:排列组合·概率统计·复数	2019—09	48.00	1053
重点大学自主招生数学备考全书:初等数论与组合数学	2019—08	48.00	1054
重点大学自主招生数学备考全书:重点大学自主招生真题.上	2019—04	68.00	1055
重点大学自主招生数学备考全书:重点大学自主招生真题.下	2019—04	58.00	1056
高中数学竞赛培训教程:平面几何问题的求解方法与策略.上	2018—05	68.00	906
高中数学竞赛培训教程:平面几何问题的求解方法与策略.下	2018—06	78.00	907
高中数学竞赛培训教程:整除与同余以及不定方程	2018—01	88.00	908
高中数学竞赛培训教程:组合计数与组合极值	2018—04	48.00	909
高中数学竞赛培训教程:初等代数	2019—04	78.00	1042
高中数学讲座:数学竞赛基础教程(第一册)	2019—06	48.00	1094
高中数学讲座:数学竞赛基础教程(第二册)	即将出版		1095
高中数学讲座:数学竞赛基础教程(第三册)	即将出版		1096
高中数学讲座:数学竞赛基础教程(第四册)	即将出版		1097
新编中学数学解题方法 1000 招丛书.实数(初中版)	2022—05	58.00	1291
新编中学数学解题方法 1000 招丛书.式(初中版)	2022—05	48.00	1292
新编中学数学解题方法 1000 招丛书.方程与不等式(初中版)	2021—04	58.00	1293
新编中学数学解题方法 1000 招丛书.函数(初中版)	2022—05	38.00	1294
新编中学数学解题方法 1000 招丛书.角(初中版)	2022—05	48.00	1295
新编中学数学解题方法 1000 招丛书.线段(初中版)	2022—05	48.00	1296
新编中学数学解题方法 1000 招丛书.三角形与多边形(初中版)	2021—04	48.00	1297
新编中学数学解题方法 1000 招丛书.圆(初中版)	2022—05	48.00	1298
新编中学数学解题方法 1000 招丛书.面积(初中版)	2021—07	28.00	1299
新编中学数学解题方法 1000 招丛书.逻辑推理(初中版)	2022—06	48.00	1300
高中数学题典精编.第一辑.函数	2022—01	58.00	1444
高中数学题典精编.第一辑.导数	2022—01	68.00	1445
高中数学题典精编.第一辑.三角函数·平面向量	2022—01	68.00	1446
高中数学题典精编.第一辑.数列	2022—01	58.00	1447
高中数学题典精编.第一辑.不等式·推理与证明	2022—01	58.00	1448
高中数学题典精编.第一辑.立体几何	2022—01	58.00	1449
高中数学题典精编.第一辑.平面解析几何	2022—01	68.00	1450
高中数学题典精编.第一辑.统计·概率·平面几何	2022—01	58.00	1451
高中数学题典精编.第一辑.初等数论·组合数学·数学文化·解题方法	2022—01	58.00	1452
历届全国初中数学竞赛试题分类解析.初等代数	2022—09	98.00	1555
历届全国初中数学竞赛试题分类解析.初等数论	2022—09	48.00	1556
历届全国初中数学竞赛试题分类解析.平面几何	2022—09	38.00	1557
历届全国初中数学竞赛试题分类解析.组合	2022—09	38.00	1558

联系地址:哈尔滨市南岗区复华四道街 10 号　哈尔滨工业大学出版社刘培杰数学工作室
网　　址:http://lpj.hit.edu.cn/
邮　　编:150006
联系电话:0451—86281378　　13904613167
E-mail:lpj1378@163.com